探 索 发 现 百 科 全 书

海洋奇迹

陆 杨 主编／黄春凯 编写／李维娜 绘

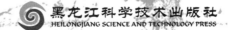
黑龙江科学技术出版社
HEILONGJIANG SCIENCE AND TECHNOLOGY PRESS

前言
FOREWORD

我们都知道，整个地球表面除了大地就是广袤的大洋，它们像一对互相陪伴的好邻居一样和谐共处，但它们的"性格"却大不相同。大地静默不语，但海洋却热闹而喧嚣。

海面上，蓝天碧海交相辉映，紧密相连的群岛如同夜空中的点点繁星，随意地镶嵌在蔚蓝的海上；海浪与潮汐的滚滚浪涛是大海的律动，海鸟的鸣叫是对大海永恒的颂扬……

海面下，深邃的海沟、绵延万里的海岭；寒冷的北冰洋，温暖的珊瑚海；耀武扬威、横行海底的鲨鱼，微不足道、谨慎躲避的深海鱼虾；惊涛骇浪，火山喷发……美景与狂暴，神秘与未知，海底世界的一切都是那么令人神往。

然而，目前我们人类对于海洋，尤其是海底的探索仅有 5% 而已，这对于广袤无边的海底来说，只算得上是"冰山一角"罢了。但我们相信，随着人类科技的进步，我们对海洋会有更多的发现和了解。

但在开始探索新知以前，让我们化身为一条条快乐自由的小鱼儿，潜入神秘的海洋世界，去探寻那里的新鲜事。感受地中海边的神话，见证爱琴海的浪漫；看看狡猾的乌贼如何躲避天敌，美丽的小丑鱼又是如何与珊瑚交朋友；了解千年的海洋开拓史，窥探风云激荡的大航海时代……

愿本书优美的图片和轻松的文字，能够带着你穿梭千年，漫游海洋世界。

目录

CONTENTS

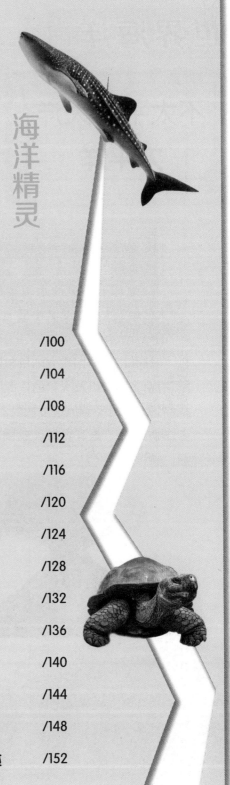

海洋精灵

海上明珠

世界海洋

不太平的大洋 太平洋

众所周知，地球的表面被浩瀚无边的海洋所覆盖。海洋占据了地球表面将近 3.61 亿平方千米的空间。她孕育了地球最初的生命，也为地球贡献了绝美的风光。

第一大洋

地球上广袤的水域被分为四大区域，太平洋是其中最大、最深的一片大洋。它被亚洲、大洋洲、美洲和南极洲四块大陆所包围，拥有众多岛屿以及大量的资源。虽然名为"太平"，但这里从来不平静，火山频发，是有名的"火圈"。

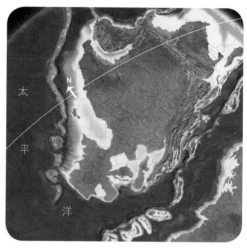

◎ 太平洋分布图

◎ 火山爆发场景

浩瀚无边

太平洋的水域面积可达 17968 万平方千米，占世界海洋总面积的一半。从冰雪南极到白令海峡，南北最宽处达 15500 千米，这要比北京和纽约之间的距离还要远许多。

◎ 一望无际的太平洋

万岛之洋

太平上散落着的岛屿总量约为一万个，加起来有440万平方千米，约占世界岛屿总面积的45%。其中一部分为大陆岛，分布在太平洋西部，有名的如日本群岛、加里曼丹岛等等。在太平洋的中间还分布着众多的海洋岛屿。

◎ 加里曼丹岛

温暖的大洋

◎ 日本群岛

在世界四大洋中，太平洋是非常温暖的一处海域，海面平均水温可达19°C，这比全世界海洋平均温度还要高出近2°C。太平洋之所以如此"保温"，原因之一在于白令海峡。白令海峡非常狭窄，从而阻挡了北冰洋与太平洋海水之间的交换；另外，太平洋处于热带的海域面积广阔，从太阳那里得到了不少的热量，自然温度高。

◎ 白令海峡

◎ 太平洋火山集中营

火山"集中营"

太平洋是有名的火山"集中营"——这里集中了全世界约85%的活火山和约80%的地震带。太平洋东岸的美洲科迪勒拉山系和太平洋西缘的一系列群岛是世界上火山活动最为频繁的地带，光是活火山的数量就达到了370多座。

爱因斯坦说

海洋的大小也会出现变化吗?

随着时间的推移和陆地的不断移动，海洋的大小会出现变化，有的变大，有的缩小。大西洋便是一个逐渐变大的海洋。

名称由来

太平洋这个名字来自大航海家麦哲伦。1519年9月20日，麦哲伦的航海团队从西班牙起航，一路战胜了惊涛骇浪后，终于进入了一片平静的海面。大伙为了纪念这段风平浪静的航线，便把这里叫作"太平"洋!

◎ 航海家麦哲伦

原始海洋

是怎么形成的？

地球形成于 46 亿年前，此后，海洋开始出现和形成。但那时候，地球是一个没有生命的球体，表面布满了炙热的岩石，雷电活动频繁，火山时有爆发，还有黑色的烟云和气体直冲上天，地幔下的岩浆也会从地球的缝隙中钻出地面。

岩浆中蕴含着大量的水蒸气。水蒸气遇冷后便会凝结成液态水，积聚在地面的低洼处。水的流动还能降沿途的矿物质聚集在一起。经过几百万年的不断积累，原始海洋就形成了。经过对海洋物种的分析，科学家认为，5 亿年前的寒武纪时期，地球上已经开始有原始海洋出现了。

到如今，地球上 70% 的表面积都被海洋所覆盖了。

这是一个太平洋啊！

"分家"的大洋 大西洋

大西洋西起南、北美洲，东至欧洲和非洲的西海岸。世界上的许多条大河最终都会注入大西洋，知名的有密西西比河、亚马孙河和刚果河等等。

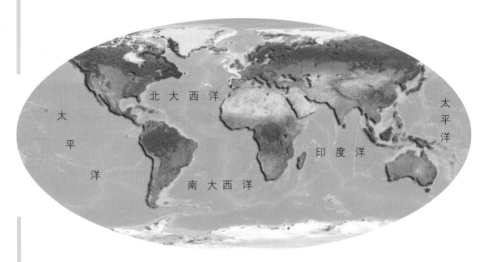

◎ 大西洋的地理位置

地球第二大洋

大西洋的水域面积为 9336.3 万平方千米，虽然与第一大洋太平洋的面积相差甚远，但它也占据了地球表面积的近 20%，是地球第二大洋。大西洋的平均深度 3627 米，最深处位于波多黎各海沟，深达 9219 米。

◎ 水域辽阔的大西洋

与神话渊源

大西洋在西方语言中被称为"阿特兰他洋"。这个名字源于古希腊神话，其中有位悲剧英雄名叫阿特拉斯，他住在遥远的西方，人们便把大西洋当作他的家，又为大西洋取名为"阿特兰他洋"。但中国人在译名时，直接根据拉丁文名称，将其意译为"大西洋"。

◎ 古希腊神话中的擎天巨神阿特拉斯

"S" 形海洋

从地图上看，整个大西洋呈现出弯曲有致的"S"形，分为南、北大西洋两个部分。北大西洋海岸线曲折，分布着众多的属海和岛屿，如加勒比海；南大西洋的海岸线则较为平直，圣赫勒拿岛较为著名。

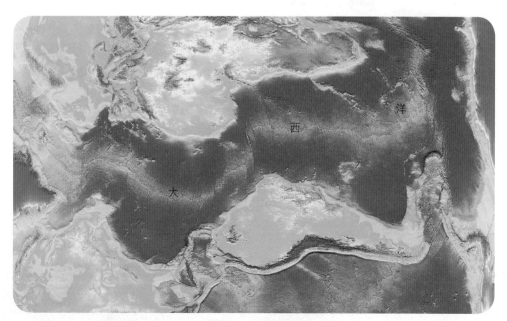

◎ 呈 "S" 形的大西洋

爱因斯坦说

大西洋之路真的存在吗？

真的！在挪威的西海岸建有一条全长 8.69 千米的海滨公路。它通过 8 座小桥连接起来，每座桥又经过一个小岛，沿途风景优美，被评为"世纪建筑"。

越洋奇迹

◎ 查尔斯·林白

世界上第一个因飞越大西洋而载入史册的人是美国人查尔斯·林白。他于 1927 年 5 月 21 日驾驶飞机成功越过大西洋。第二年的 6 月 18 日，又出现了一位勇士——艾米莉亚·埃尔哈特女士，她驾驶"福克"号飞机，飞越大西洋，用时 22 小时。

"分家"的大洋

大西洋表面都是一体的，但它却占据了亚欧、非洲、美洲、南极洲四大板块，这四个板块之间存在张力，板块活动频繁，火山地震不断，导致板块之间缝隙不断加大，所以，大西洋有"分家"的趋势。

◎ 大西洋海岸火山口
鸟瞰图

地球上

究竟有多少海水呢？

我们已经知道大约地球表面积的 71% 都被海水所覆盖，而地球是一个巨大的球，表面积可达 5.11×10^8 平方千米。如此巨大的表面积下，到底能承载多少海水呢？

显然，这个数字也将是一个难以估量的天文数字，科学家们只能做粗略的估算。地球除了表面的海水，上空还分布着大气层，这也是地球海水不可分割的一部分。如果把大气水和地表水以及地下水都算在内的话，整个地球约有 14 亿立方千米的水量，而其中，海水占地球总水量的 98% 左右，其数据约为 13.7 亿立方千米。剩余的水大部分以冰的形式存储于南极洲和格陵兰岛的冰盖中，河流、湖泊里的淡水还不足海洋水量的千分之一，而大气层里的水蒸气只有海洋水量的八万分之一。

热带海洋
印度洋

印度洋西起非洲东岸，东至东南亚和澳大利亚，是世界上唯一一个洋流随季节而改变方向的大洋——冬季流向非洲，夏季流向印度。

第三大洋

印度洋是地球第三大洋，面积约为 7492 万平方千米，印度洋的平均深度仅次于太平洋，位居第二。印度洋的大部分海域居于热带，又被称为最热的大洋。

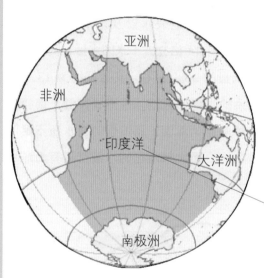

◎ 印度洋的地理位置

它位于亚洲、非洲、南极洲和大洋洲之间，面积为 0.74 亿平方千米，大约占世界海洋总面积的 21%

◎ 印度洋水温高，海底有丰富的资源及各种鱼类

洋面温度高

印度洋受到地理位置的影响，是有名的热带海洋，它所处的区域大部分属于热带、亚热带气候，北部的广大海域，全年平均气温为 15~28°C；在赤道地带，全年平均气温为 28°C，最高可达 30°C。

石油产区

印度洋蕴藏着丰富的自然资源，尤其是石油资源。波斯湾能源产区就位于印度洋中。波斯湾是世界著名的石油存储区，海底石油探明储量达 120 亿吨，天然气储量为 7100 亿立方米，居世界首位。

◎ 波斯湾能源产区

印度洋

◎ 印度洋卫星图

大洋中的"新生代"

印度洋的形成年代较晚，它形成于中生代。那时候，南美洲和北美洲是分开的，随着南方古陆的分裂，南美洲与非洲分开，两块大陆的裂缝处不断扩大，形成海洋，但与北大西洋并未连通，海水从南面进出，是非洲和南美洲之间的一个大海盆。随着非洲与澳大利亚、印度、南极洲的分离，原始的印度洋出现了。

◎ 景色宜人的马尔代夫群岛

爱因斯坦说

马尔代夫在哪儿?

马尔代夫共和国位于南亚,是印度洋上的一个岛国,也是亚洲最小的国家。马尔代夫由 19 组珊瑚环礁、约 2000 个小岛组成,被誉为"上帝抛洒人间的项链"。

位置优越

印度洋处于世界航运线上的要冲,是沟通亚洲、非洲、欧洲和大洋洲的重要海域。印度洋向东通过马六甲海峡可以进入太平洋,西濒大西洋,西北经苏伊士运河直通地中海。

◎ 印度洋示意图

郑和下西洋

明朝著名航海家曾经到过"西洋"等地,而那时候的"西洋"所涵盖的位置便是文莱以西的东南亚和印度洋沿岸地区,即今日的印度洋一带。

◎ 印度洋沿岸地区

为什么

地球第三大洋要以国家来命名？

地球四大洋，只有印度洋以国家的名字来命名。这其中藏着一个怎样的故事呢？

最初，古希腊人将印度洋叫作"厄立特里亚海"，就是"红色海洋"的意思。后来，欧洲人又把印度洋解释为"东方的印度洋"，这强调了它与大西洋的相对位置。到1570年时，奥尔太利乌斯在编制世界地图集时，干脆把这里叫作"印度洋"了。此后，这便成了约定俗成的名字。

另外，作为一个国家的名字，印度在欧洲人眼里一直是东方的象征。哥伦布航海也是为了寻找到达古老而富庶的印度的航线，但他误打误撞进入了美洲。后来，达·伽马绕道非洲好望角，进入一片新的大洋，还以为自己找到了通往印度的航路，便将这片大洋称为印度洋。

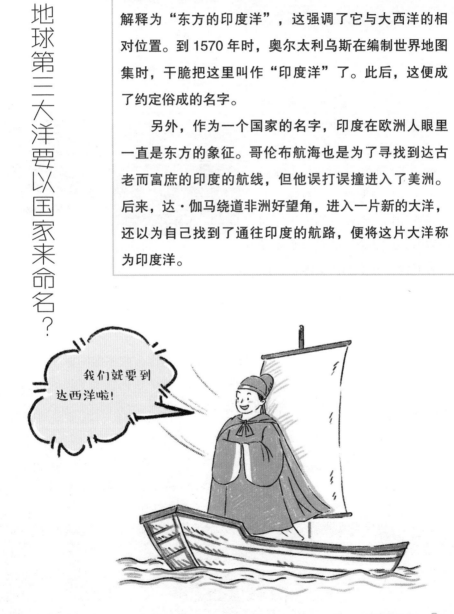

风雪交加
北冰洋

北冰洋被欧洲和北美洲大陆所环绕，大部分洋面终年被冰雪覆盖。北冰洋底部储存着世界上最冰冷的海水。就算到了夏季，北冰洋的洋面上依然保存着一多半未融化的冰层。

洋中之最

北冰洋占据着三项"洋中之最"：它是世界上最小、最浅，同时也是最冰冷的大洋。大洋的主体部分位于北极圈内，经狭窄的白令海峡与太平洋相通，面积仅为太平洋的1/10。北冰洋上最靓丽的风景便是漂浮其中的巨大冰块，以及庞大的海豹家族。

◎ 北冰洋上的海豹家族

走进北冰洋

与其他三大洋相比，北冰洋的面积很小，仅有1310万平方千米；这个数据是太平洋的1/14，大西洋的1/7，印度洋的1/6。北冰洋的平均水深为1205米，最大水深为5527米。

◎ 北冰洋气候严寒，洋面上常年覆有冰层

暴风雪的乐园

北冰洋位于寒带，气候寒冷，洋面大部分常年为冰封状态。北极海区最冷月平均气温在零下 –40～–20°C，就算是进入暖季，气温也在 8°C 以下。寒季一到，这里就成了暴风雪的乐园。

◎ 7～8 月份北冰洋上空经常形成漫天低云，而且雾气弥漫，能见度很低

爱因斯坦说

你知道北冰洋名字的由来吗?

古希腊人把北冰洋称为"正对大熊星座的海洋"。1650 年，荷兰航海家巴伦支认定它是独立的海洋，并将其命名为大北洋。1845 年，英国伦敦地理学会将其重新命名，翻译为中文就是北冰洋。

极地奇景

北冰洋位于极地区域，气候恶劣，但那里却有难得一见的极昼与极夜现象。全年中几乎有一半的时间是漫漫长夜，而另一半的日子则是白昼"永不消退"的景象。此外，这里还有炫目的极光，如同有人持着彩链在夜空中舞蹈似的，极为壮观。

◎ 北冰洋上空美丽的极光

◎ 格陵兰岛全岛终年严寒，
是典型的寒带气候

岛屿众多

北冰洋虽然不大，但散落其间的岛屿众多。北冰洋岛屿的数量和总面积仅次于太平洋，位居第二。世界第一大岛格陵兰岛和世界第二大群岛北极群岛就位于北冰洋之中。

勃勃生机

北冰洋的冬季虽然一片肃穆，但到了夏季，这里就成了生物的乐园：水面下，海藻飘摇；水面上，海豹、海象出没，它们是捕猎高手——专捕水下游弋的鳕鱼群。此外，人们还能看到爱斯基摩人忙碌的身影。

◎ 进入夏天以后，海面上的寒冰渐渐融化，冰面被大面积的海水吞没

为什么

北京去纽约不从太平洋飞过，却从北冰洋飞过呢？

每天，全世界各地的机场会有成千上万架飞机出港，这么多的飞机上天之后，不能随意乱飞；而且飞机穿云破雾的航行要消耗极大的成本，为减少不必要的消耗，航空公司必须在出发地和目的地之间找出最优航线。这些航空路线都是根据两点之间直线距离最短的原理规划的，这样能节省很多燃油。

此外，远距离飞行要横跨几个区域，气候也大不相同，因此，规划航线时，会尽量选择天气变化相对稳定的区域。要注意的是，地球是一个"球"，你在平面地图上看到的直线，实际上可能是弯的。经过复杂的测算，人们发现北京到纽约之间最短的航线便是经过北冰洋上空的"大圆航线"，所以，飞机就不必从太平洋上空经过了。

19

海之奇迹

有冰的海面
太平洋冷海

太平洋面积广大，南北方向上跨越多个温度带。在太平洋的北部区域，分布着众多有名的冷海，如白令海、鄂霍次克海及渤海等。

白令海

白令海是太平洋最北端的海域，是一个三角形的海。白令海面积为 231.5 万平方千米，最深处 5500 米。在白令海深处，游弋着鲸鱼家族；海面上则是海豹的聚居地。

◎ 白令海的卫星图片

白令海位于太平洋最北端的水域，它将亚洲大陆与北美洲大陆分隔开

环境恶劣

◎ 在白令海海面上航行十分困难，需要破冰船将冰面破开

白令海是公认的世界上最难航行的海区之一。这里气候严寒，多风暴，海面上到处都是浮冰。越是往北，冬季的冰层越厚，每年的 9 月份后，海面上开始结冰，直到第二年的 5 月份，才开始融化，就算到了盛夏的 7 月，白令海峡一带还有未融化的浮冰漂浮。

太平洋的北极

在太平洋西北部有一片寒冷的海域——鄂霍次克海。严寒到来时，这里的海面上会漂浮着大量的浮冰，因而得名"太平洋的北极"。

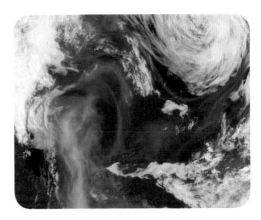

◎ 鄂霍次克海卫星图

爱因斯坦说

太平洋海盆可以分成几个区？

太平洋可以分成3个区域：东区、西区和中区；其中的中区是地壳构造最为稳定的区域。白令海、鄂霍次克海以及渤海都位于太平洋西区海盆上。

海面浮冰

鄂霍次克海是太平洋西北部的边缘海，位于千岛群岛和亚洲大陆之间，受西伯利亚冷空气影响明显，冬季时，海面结冰，出现浮冰奇观。

◎ 鄂霍次克海成群结队的企鹅

◎ 鄂霍次克海上漂满浮冰

葫芦状的海岸线

作为中国内海，渤海被辽宁省、河北省、山东省及天津市所环绕。渤海的海岸线呈现出葫芦状，通过渤海海峡与黄海相通。这里蕴藏着丰富的石油和天然气资源，同时有众多的知名港口。

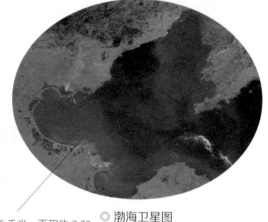

◎ 渤海卫星图

渤海南北长 556 千米，东西宽 236 千米，面积约 7.72 万平方千米，平均水深 18 米。北部有宽阔的大陆架，往南水深增加

◎ 日本海港湾

日本海

日本海是太平洋西北部最大的边缘海，整个海面介于亚洲大陆和日本群岛之间。日本海通过 6 个海峡与外界水域连通，著名的有对马海峡及朝鲜海峡等。日本海的特产有沙丁鱼、鲱鱼、鲟鱼等。

◎ 日本海面积 101 万平方千米，平均水深 1350 米

世界上

最冷的海在哪儿？

世界上最冷的海位于南极洲，叫作威德尔海，它是根据第一个到达此地的英国探险家威德尔的名字来命名的。

威德尔海位于南极半岛和科茨地之间，在纬度上最大跨越了 13 个纬度，最南端可达南纬 83°，东西跨越 550 千米以上。这里常年被厚厚的冰层所覆盖，处于极地气候的控制之下，常年刮极地东风。这里是世界大洋深层水的主要输出地，全世界的大洋底部冷水有一半以上都源自南极海域，其中大部分都产生于威德尔海。

威德尔海上漂浮着大量浮冰，它们是从陆缘冰分裂而来，有些冰块一漂就是几年到几十年，是南极航线上潜伏的"杀手"。

生命世界
热带海景

海洋是生命最初的孕育场所，特别是一些热带海域，更是水生动植物的乐园。那里常年活跃着各种鱼类、贝类，甚至还有大型哺乳动物。

爪哇海

爪哇海是太平洋的属海，地理位置介于爪哇岛、苏拉威西岛、加里曼丹岛和苏门答腊岛之间。爪哇岛西北部的卡里马塔海峡是沟通爪哇海和南海之间的通道，也是亚洲和大洋洲之间的重要航道。

◎ 爪哇海属浅海，岸边多珊瑚礁滩，浅水面积大，平均深度 46 米，海洋资源丰富

著名战场

爪哇海风光无限，附近的国家公园风景优美，是各国人民休闲度假的好去处。但这里曾经是第二次世界大战的战场，发生过著名的爪哇海战役。

◎ 爪哇海风景十分优美

爱因斯坦说

为什么爪哇海里"盛产"珊瑚礁？

爪哇海临近赤道带，终年高温多雨，表层海水温度26℃以上，含盐度32~34，适于珊瑚虫繁育，因此爪哇海中遍布珊瑚礁。

苏拉威西海

在太平洋西部，棉兰老岛、苏禄群岛以南，加里曼丹岛以东和苏拉威西岛以北之间有一片著名的海域——苏拉威西海。苏拉威西海总面积约为43.5万平方千米，最深处达6220米。

◎ 苏拉威西海是一个被许多群岛环抱的海

◎ 苏拉威西海中具有黑色斑点的盒子鱼

珊瑚之家

苏拉威西海四周遍布岛屿和潜礁，是著名的"珊瑚角"的中心地带；它同时也是菲律宾、马来西亚和印度尼西亚三国交界地带。这里也是海洋生物密集的海域，甚至还有人类未知的生物存在着。

阿拉弗拉海

阿拉弗拉海位于澳大利亚北岸，属于西太平洋的浅海部分；阿拉弗拉海的西边是帝汶海，西北为班达海和赛拉穆海，面积为65万平方千米，是一条有名的危险航道。

◎ 阿拉弗拉海鸟瞰图

危险航道

◎ 阿拉弗拉海

阿拉弗拉海的海水流动有一个明显的特征——随季节变化而改变流向。此外，这片海域中隐藏着很多水下险滩，它们无声无息地隐藏在水下，经常给往来于此的船只带来极大的危害。

◎ 阿拉弗拉港口

全世界

共有多少个海？

　　海是指与"大洋"相连接的大面积咸水区域，即大洋的边缘部分。地球"四大洋"面积广阔，自然会造就出很多的"海"。

　　与地球"四大洋"相比，海的数量似乎要多出许多。事实上，国际水道测量局曾做出过统计，世界上有名字的海洋，一共有54个，它们遍布在世界的各个角落，大小不一，其中还有一些是海中之海。

　　太平洋所拥有的海的数量最多，有19个，其中面积最大的是珊瑚海；大西洋所拥有的海的数量排名第二，共有16个，其中面积最大的是加勒比海；印度洋所拥有的海的数量排名第三，共有10个，阿拉伯海的面积位居第一；北冰洋所属的海最少，只有9个，面积最大者是挪威海。

美景与狂暴 印度洋之海

大海向来吸引着人们前去探索，但它也是神秘莫测的地带，集中了平静与狂暴、美景与险恶的双重景色，也正因如此，海才是富有魅力的。

年轻的红海

红海位于非洲东北部与阿拉伯半岛之间，海面颜色鲜红。不过通常情况下，红海是蓝绿色的。红海出现的年代较晚，大约在 2000 万年前，阿拉伯半岛与非洲分开的时候，红海才得以诞生。直到现在，红海依然在扩张，未来可能会形成新的大洋。

◎ 红海卫星图

苏拉威西岛是世界第 11 大岛，形状非常特别，类似一个大 K 字母

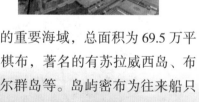

班达海

班达海是沟通太平洋与印度洋的重要海域，总面积为 69.5 万平方千米。班达海海面上的岛屿星罗棋布，著名的有苏拉威西岛、布鲁岛、帝汶岛、阿鲁群岛、塔宁巴尔群岛等。岛屿密布为往来船只带来了不便，但居于其中的海域则是沟通太平洋和印度洋之间的重要航道。

◎ 许多暗礁和浅滩使得班达海成为一条危险航道

阿拉伯海

大名鼎鼎的阿拉伯海同样是印度洋的属海，它位于索马里半岛与阿拉伯半岛之间，阿拉伯海北部为阿曼湾，西部通过亚丁湾与红海相连，北经阿曼湾、霍尔木兹海峡与波斯湾相连，西部有通道进入红海，是世界性的交通枢纽。

◎ 阿拉伯海卫星拍摄图

珊瑚王国

珊瑚海不仅是地球上最大的海，还是闻名世界的珊瑚王国。那里有大片的珊瑚群，更是大堡礁的所在地。它如同一个巨大的城堡一样，绵延于托雷斯海峡和南回归线之间，长度达2400千米，总面积达479万平方千米。

◎ 丰富多彩的珊瑚海

◎ 大堡礁是地球上最大的珊瑚礁群，以它未经修饰的自然之美闻名遐迩

爱因斯坦说

你知道世界"三大珊瑚礁群"吗？

珊瑚海中分布着世界上最著名的三大珊瑚礁群，即大堡礁、塔古拉堡礁和新喀里多尼亚堡礁。

塔斯曼海

在太平洋的最南面，澳大利亚与新西兰之间有一个久负盛名的边缘海——塔斯曼海。这片海的得名与荷兰冒险家阿佩尔·塔斯曼有关。1642年，塔斯曼经历重重困难，终于穿越风暴频发的塔斯曼海，并将其命名为塔斯曼海。

◎ 塔斯曼海的卫星图

咆哮西风带

塔斯曼海南部属于温带气候，但北部却属于亚热带气候，尤其盛行西风；此地风暴频现，有着"咆哮西风带"之称。

海水

的温度也能超过30°C吗?

除去最冷的北冰洋，另外三个大洋表层海水的平均温度为17.4°C，其中以太平洋最高，可达19.1°C；但在世界范围内，表层海水的最高温度点却在印度洋中，具体的海域为波斯湾。

波斯湾进入夏季时，水温最高可达33°C。波斯湾位于印度洋阿拉伯海西北，介于阿拉伯半岛和伊朗高原之间。

波斯湾海底和周围的陆地下蕴藏着丰富的石油，是世界上最大的石油产区，占世界石油储藏量的53%~58%。这里的石油产量占世界石油总产量的1/3，石油输出量占世界石油总出口量的60%。

波斯湾地处北回归线高压带，气候炎热，导致这里的水温也远远高于世界其他海洋的水温。

让你见识下狂暴西风的威力!

315

冷域冰海
极圈附近的海

北冰洋处于寒冷的极圈之内，日照较少，再加上漂浮的冰盖，使得这里成为最冷的大洋。受此影响，北冰洋附近的海域温度也较低。

盐度最低的海

波罗的海是世界上盐度最低的海，它与芬兰湾沿岸的波罗的海山脉同名。有趣的是，波罗的海被西欧各国称为东海，而东欧的爱沙尼亚人则将之称为"西海"。

◎ 波罗的海卫星图

被陆地环抱的海洋

波罗的海位于斯堪的纳维亚半岛和欧洲大陆所环绕，是欧洲北部的内海。波罗的海四周分布着9个国家，如瑞典、俄罗斯、丹麦，德国等。这片被陆地所环绕的海洋是世界上最大的半咸水水域。

◎ 被陆地所环绕的波罗的海

◎ 波罗的海景色非常怡人

港湾众多

波罗的海沿岸有众多港湾，著名的有波地尼亚湾、芬兰湾、里家湾等等；此外，波罗的海海面上还矗立着众多的小岛，形状各异，别具特色。

低盐度的海

波罗的海的含盐度大大低于全世界海水的平均水平。这里被又窄又浅的外海通道所围挡，盐度高的海水进不来，再加上充沛的江水及众多汇聚于此的大河淡水，使得海水盐度低于平均水平。

◎ 由于波罗的海海水盐度极低，所以极易结冰

爱因斯坦说

波罗的海有结冰期吗？

波罗的海北部和东部海域存在结冰期，因为这里的海水很浅，并且含盐度极低，容易结冰。这里的冰期从每年 11 月初开始。

挪威海

挪威海属于北冰洋的边缘海，位于没得兰群岛、冰岛和斯堪的纳维亚半岛之间。挪威海的平均深度为1742米，面积达138万平方千米。

◎ 挪威海

重要航道

挪威海虽然地处严寒的北极圈，但这里的表层水温却比同纬度的格陵兰海要高出很多，是一片无冰期的海域，因此，它成为北冰洋中唯一能全年通航的重要航道。

◎ 挪威是世界三大海产出口国之一

海水

的「盐度」是什么意思？

海水的"盐度"是指海水中盐类物质的质量分数，具体来说，就是指海水中全部溶解固体的质量与海水质量之比，它的单位通常是以每千克海水中所含盐的千克数来表示的。

海水中最常见的无机盐种类便是氯化钠，也就是我们每天都要吃的食盐。海水中的氯化钠有的来自海底火山喷发，更多的则是来自地壳中的岩石。

岩石在日照和风力的作用下，发生风化，崩裂成碎块，释放出盐类，然后再随着雨水、河流进入大海里。在海水汽化后再凝结成水的循环过程中，盐分就留在了海水里。

通常，我们在 1000 克淡水中加入 0.5 克食盐的话，就能感受到咸味，但地球海洋的平均盐度为 35，这样高的盐度，尝起来自然就是咸滋滋的了。

神话的起源
地中海

作为世界上最古老的海域，地中海是希腊神话的发祥地，也是世界上最大的陆间海。地中海地理位置优越，北靠欧洲大陆，南濒非洲大陆，东临亚洲大陆，面积约为251万平方千米。

文明发祥地

地中海沿岸是举世闻名的古代文明发祥地。这里先后出现了灿烂的古埃及文化、古巴比伦文化和波斯文化；这里更是欧洲文明的发祥地，古希腊文明及古罗马帝国都要归功于地中海的孕育。

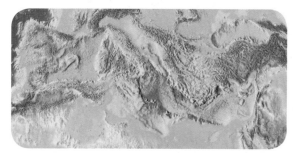

◎ 地中海的卫星图片

曾消失过的海

地中海是一片神奇的海域，在漫长的历史进程中竟然消失过一阵子。科学家们经过测定得知，在距今700万年前，地中海曾经是一片干涸荒芜的沙漠地带。后来，它再度被海水淹没，才形成如今的样子。

◎ 如今的地中海景色非常怡人

地震带上的海

地中海水下支离破碎，是火山和地震频发的地带。这里聚集了世界上两座著名的火山——维苏威火山和埃特纳火山。可以说，地中海是世界上最强的地震带之一。

◎ 维苏威火山

黄金水道

◎ 地中海水上交通

地中海居于欧洲、亚洲、非洲三大洲之间，是沟通三大洲的天然通道。地中海向西穿过直布罗陀海峡即入大西洋，向东北经土耳其海峡通向黑海，向东南经苏伊士运河可进入印度洋。

含盐量高

地中海气候的特点是冬季温暖多雨、夏季炎热干燥，因而海水温度较高，而蒸发量又大，海水中沉淀的盐分也高，含盐度高达 39.5，是最"咸"的大海之一。

◎ 晒盐场

爱因斯坦说

有哪些河流注入地中海？

地中海是不少河流的聚集地，它们从各个不同的方向流入地中海，其中最著名的便是世界最长的河流尼罗河，其他河流有罗讷河、台伯河等。

岛屿众多

地中海海岸线曲折，四周岛屿遍布，科西嘉岛、马略卡岛、西西里岛、克里特岛等是其中较为著名的大岛；海中群岛则以巴利阿里群岛、艾奥尼亚群岛较为著名。

◎ 西西里岛面积 2.57 万平方千米，海岸线长 1484 千米，是地中海中最大的岛屿

海水

为什么是咸的？

大家都知道，河流与海洋都是地球水的重要组成部分，但它们之间却有一个非常明显的区别：河流水很淡，但海洋里的水却是咸滋滋的，这是怎么回事呢？

科学测量为我们提供了答案。几十亿年前的原始海洋的盐分是很低的，海水也不是咸的，而是酸性的。随着雨水不断地冲刷大地，水流溶解了岩石和土壤中的盐分，然后它们汇聚到江河里，河水带着地上的盐分又注入海洋中，增加了海洋的盐度。

此外，随着海底火山不断喷发，也向海水中注入了大量的矿物质和其他化合物，而这些物质大部分都是咸的。再加上海水蒸发，无形中提高了海水的盐度。

这个持续了几十亿年的过程就使得海水越来越咸了。

我要感谢地中海的孕育！

浪漫之海
爱琴海

爱琴海位于地中海东部、希腊和土耳其之间的爱琴海是地中海东部的一个大海湾，这里岛屿众多，环境优美，还有许多浪漫的传说，是理想的度假胜地。因为艺术家聚集，这里也是有名的"艺术之岛"。

名称由来

爱琴海这个名字源自一个凄美的传说：古爱琴城里生活着一位名叫爱琴的亚马孙女王，她为了心爱的王子葬身城外的大海中，她的父王爱琴斯也因此而心碎跳海。后来，人们便把这个象征着凄美爱情和亲情的海域叫作爱琴海。

◎ 爱琴海的卫星图片，爱琴海总面积 21.4 万平方千米，平均深度 570 米，岛屿众多，所以爱琴海又有"多岛海"之称

盐度极高

爱琴海海水含盐度较高，数值甚至超过马尔马拉海和黑海，这与此地温暖的气候而导致的极高的蒸发量有关。

◎ 爱琴海附近的建筑

◎ 因蒸发大于降水，爱琴海海水盐度较高

地中海气候区

爱琴海海域属于典型的地中海式气候区,特征表现为冬季温和多雨,夏季炎热干燥,蒸发强烈。爱琴海盐度很高,但来自黑海的低盐度海水注入后,对爱琴海海水的盐度起到了一定的调节作用。

水色明媚

爱琴海景色优美,尤其是春夏之交,夕阳西下,爱琴海的海面上就会呈现出一副美妙的绛紫色,如同甜美的葡萄酒般晶莹剔透;明媚的水色引得四面八方的游人流连忘返。

◎ 受地中海式气候的影响,爱琴海海中缺少营养物质,故而生物稀少,大部分岛屿多岩石,十分贫瘠

爱因斯坦说

爱琴海受哪种气候影响？

　　爱琴海与地中海临近，同受地中海式气候的影响，冬季温和多雨，夏季炎热干燥，常刮北风，但冬季时常出现温和的西南风。

曲折的海岸线

　　爱琴海海域分布着星罗棋布的岛屿，海岸线曲折漫长，因而多港湾和港口。受亚欧板块与非洲板块挤压碰撞的影响，此地多火山和地震。

◎ 爱琴海的港湾

风车标志

　　米克诺斯岛是爱琴海群岛中久负盛名的一座，它的标志是巨大的风车。这里也是最受游人青睐的度假岛屿之一，岛上有很多"落日餐厅"供人们欣赏海上落日的绝美景色。

◎ 米克诺斯岛

海水

为什么呈现出蓝色?

当我们要形容大海的颜色时，经常会用到的一个词就是"蔚蓝"。没错，当我们遥望大海时，会看到一片茫茫的蓝色。但你若是用手掬起一捧海水的话，就会发现，海水并不是蓝色的，是透明的，根本没有颜色。那么，为什么大海会呈现出一片"蔚蓝"呢？

这要归功于阳光的照射。

太阳光中是由红、橙、黄、绿、青、蓝、紫七种颜色的光组成的，这七种光的波长各不相同。当太阳光照耀在海面上的时候，不同深度的海水吸收的是不同波长的光：红光和橙光属于容易被吸收的光线，但蓝光和绿光就很难被吸收，反而会被海水反射出去。这样，映照到人眼的大海便呈现出蓝色了。

妈妈，如果我考试得100分，能不能带我去落日餐厅吃大餐？

落日餐厅

独一无二
海洋之最

世界上的海洋数量众多，并且各具特色，其中的一些海还具有独一无二的属性，如黑海、马尔马拉海及亚速海等。

最大的内陆海

黑海介于欧、亚两洲之间，在欧洲的东南部、亚洲的小亚细亚半岛北部，状似椭圆。黑海是世界上最大的内陆海，以水色深暗、风急浪高而闻名于世。

◎ 黑海因水色深暗、多风暴而得名

鲭鱼平均身长 60 厘米，寿命最长可至 11 年

体粗壮微扁，呈纺锤形

◎ 黑海的鲭鱼

神奇的"双层海"

黑海别具特色的一点在于它的"双层"奇观：上层水面生物丰富，鲟鱼、鲭鱼等数不胜数；但在某些水深 155~310 米以下的海域里却是另一幅生机全无的死寂景象，丝毫不见鱼类的踪迹。

世界上最小的海

作为亚、欧分界线的马尔马拉海，面积仅有 11350 平方千米，是世界上最小的海。它是土耳其的内海，经博斯普鲁斯海峡与黑海相连。马尔马拉海沟通了黑海、地中海与大西洋，地理位置十分重要。马尔马拉海的东北与黑海连通，西南则通向爱琴海、地中海和大西洋。

◎ 在希腊语中，"马尔马拉"的代表着"大理石"

附属岛屿最多的海

◎ 爱琴海

爱琴海是世界上拥有附属岛屿最多的海洋，这里岛屿众多，全部数量约为 2500 个。这些岛屿实际上可划分为七大群岛，如色雷斯海群岛、东爱琴群岛、斯波拉提群岛等等。因为岛屿众多，爱琴海又有"多岛海"之称。

爱因斯坦说

地中海的垃圾要几百年才能分解完？这是真的吗？

地中海古老而广袤，众多河流汇入的同时，也为这里带来了大量的垃圾，要几百年才能分解完成，而地中海也成了世界上最脏的海。

海中"勇敢者"

加勒比海位于大西洋西部边缘，是世界上最大的内海，也有"美洲地中海"之称。在印第安语中，"加勒比"代表着"勇敢与无畏"。与加勒比海的美景相比，神出鬼没的海盗才是这里最知名的"标签"。海上众多的小岛是胆大妄为的海盗们的藏身之地；因为海盗出没，这里也成了许多冒险故事的发生地。

◎ 加勒比海

亚速海

◎ 亚速海上的海鸟

亚速海是世界上最浅的海，位于俄罗斯和乌克兰之间，属两国间的"公海"。亚速海的平均深度约 8 米，最深处 13 米。因为海水较浅，海底地形平坦，是海洋生物的乐园。

洋中之海

海和海岸似乎是一对不可分离的好伙伴，但马尾藻海却不是这样，它的四周是茫茫的大西洋，根本没有海岸，堪称"洋中之海"。而且马尾藻海是世界上最清澈的海域。这与它独特的地理位置有关：远离大陆，没有内陆江河的泥沙滋扰，海水清澈湛蓝，透明度达 66.5 米，个别海区甚至可达 72 米。

◎ 透过清澈的马尾藻海海水，可以清楚地看到海面以外的天空、云朵

世界上

最古老的海是哪个？

地中海是世界上最古老的海。它位于欧洲大陆、非洲大陆和亚洲大陆之间，东西跨越 4000 千米，南北最宽处跨越 1800 千米，是世界上第一大陆间海。

地中海有东、西之分，分界点就在亚平宁半岛、西西里岛和突尼斯海峡一线。地中海的平均深度为 1500 米，最深处可达 5121 米。地中海是一个盐度较高的海，盐度高达 39.5。

地中海隶属于大西洋，但它的历史却比大西洋要早得多，早在 6500 万年前，地中海就出现了，而那时候，大西洋还没有出现呢！

我们还曾经包围过哥伦布的船队呢！

潜入海底

大海的搏动
海浪与潮汐

　　海浪和潮汐是海洋运动最显著的两个特征。海浪是海水波动掀起的浪花，最高时可达 30 米以上。潮汐现象与月球和太阳有很大关系。当月球和太阳的引力对地球上的海水形成拉力，潮汐就形成了。

风浪和涌浪

　　风浪指的是在风的直接作用下产生的水面波动。涌浪指的是风停后或风速风向突变区域内存在下来的波浪和传出风区的波浪。

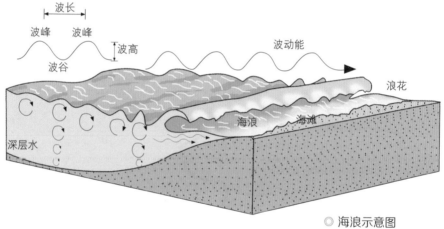

◎ 海浪示意图

近岸浪

　　近岸浪指的是由外海的风浪或涌浪传到海岸附近，受地形作用而改变波动性质的海浪。无风的海面也会出现近岸波，从而形成的海浪即为近岸浪。

◎ 近岸的海浪

海浪的强弱

大洋中如果海面宽广、风速大、风向稳定、吹刮时间长，海浪必定很强。虽然水面开阔，但因风力微弱，风向不定，海浪一般都很小。

◎ 拍岸浪

海上大力士

海浪具有滔天的威力，更是海上"大力士"。在斯里兰卡海岸某处，曾矗立着一座 60 米高的灯塔，而它的倒塌则与海浪有关——被拍岸的巨浪激起的浪花所击垮；无独有偶，在苏格兰的海边曾发生过一次巨浪卷起1350 吨重的巨石事件，并将那块巨石向前推移了 10 米之远。

◎ 海边七零八落的巨大石块是岸边岩石长期被冲击的结果

◎ 海岸在波浪昼夜不停的作用下被破坏着，又被塑造着。一个拍岸浪对海岸的压力可达60 吨/米^2

爱因斯坦说

如何测量海浪？

风浪向上卷起形成波峰，然后向下卷曲形成波谷。两个相邻波峰（或波谷）之间的水平距离叫作波长。波峰与其两侧任意一个波谷的落差，称为浪高。

潮与汐

潮与汐代表了时间的不同。发生在早晨的海水涨落叫作潮，发生在晚上的海水涨落叫作汐。海里的潮水波动有时候会沿着江河传到内陆，使江河下游发生潮汐。

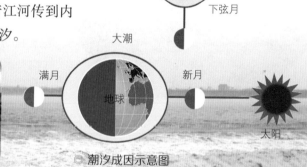

上弦月

小潮　地球　太阳

下弦月

大潮

满月　地球　新月

太阳

◎潮汐成因示意图

◎潮汐景观图

涌潮景观

潮起潮落是一种壮观的景象，世界上有两大涌潮观景地：南美洲亚马孙河的入海口以及中国钱塘江北岸的海宁。钱塘江大潮的最佳观景期为每年农历八月十八日。钱塘江口为喇叭形，越往里越窄，所以涌入这里的潮水不断受到约束，进而形成涌潮壮观景象。但亚马孙河口发生的涌潮景象则更胜一筹。

涨潮和落潮

是怎么回事？

如果你对海洋很熟悉的话，你就会知道海面上每天都会出现一次涨潮和落潮现象。那么，引起海水涨、落的主要原因是什么呢？

实际上，海水的涨落是月亮和太阳对地球表面的引潮力所引起的，月亮的作用更大一些。

虽然太阳更大、更重，但月亮与地球的距离更近，所以，月亮起的作用也更大一些。

古人把白天的河海涌水称为"潮"，晚上的称为"汐"，合起来就是"潮汐"。那时候的人还发现了一个重要的规律，知道海岸潮汐会随着月亮的圆缺变化而发生改变。这也就是说，月亮的位置越是接近人们的头顶时，海水就会跟着上涨；月亮的位置靠近东方或是西方时，海水也跟着退去。月亮运转到人们头顶的时间每天都不一样，所以，潮水上涨的时间也要发生相应的变化。

好可怕，前浪被拍碎了，我该往哪去？

暗流涌动 洋流

洋流叫海流，是指海水沿着一定方向的大规模流动。洋流就好比地面的河流一样，常年按照比较固定的路线流动，区别在于，洋流的"两岸"是海水，而河流的两岸是陆地。引发洋流的因素很多，风向、温度差异、盐度差异等都可能成为其中的原因。

盛行风的带动

盛行风是引发大洋表面环流的主要原因。洋流流动的方向和风向趋于一致，在赤道附近洋流向西，在两极洋流向东。

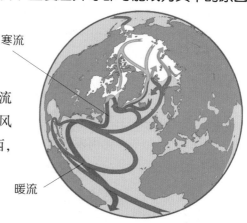

◎ 全球洋流流向图

◎ 世界洋流分布图

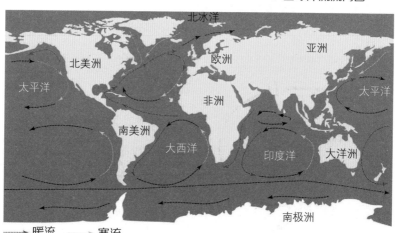

——→ 暖流　——→ 寒流

寒暖之分

洋流有寒流与暖流之分。如果洋流的水温比到达海区的水温低，就是寒流；如果洋流的水温比到达海区的水温高，就是暖流。

洋流的分类

除了寒暖之分，还可从其他角度来对洋流进行分类：按成因分类的话，有风海流、密度流和补偿流；按地理位置分类的话，则有赤道流、大洋流、极地流及沿岸流等等。

寒流

◎ 大洋环流

风海流

风海流是地球表层海水中最常见的洋流形式，是海水受到盛行风的影响而形成的一种稳定的、自上而下的海流状态。风海流的规模很大，北赤道暖流、南赤道暖流以及西风漂流等都属于风海流。

◎ 洋流运动

◎ 风海流

爱因斯坦说

洋流中的"巨人"指的是哪股洋流?

著名的墨西哥湾暖流是世界上规模最大的洋流,有洋流中的"巨人"之称。它宽达 110~120 千米,水层厚度 700~800 米,流量 8200 万米³/秒。

"双刃剑"功能

寒暖流交汇的海区有利于鱼类大量繁殖,它们还可以形成"水障",把鱼类活动限定在一定的区域内,使得鱼群集中,从而形成大型的渔场。但另一方面,寒暖流交汇的地方也容易形成海雾,给海上航船带来危险;另外,从极地来的洋流会把海冰甚至是冰山带到别的海域,这也是海上航行中潜伏的"杀手"。

◎ 寒暖流交汇导致鱼群集中并且大量繁衍

洋流"信使"

◎ 墨西哥湾暖流

1856 年,在大西洋比斯开湾附近发生了一场海难——一艘双桅帆船沉船了。事故中仅有几名幸存者,他们漂泊到一个荒无人烟的小岛上得以活命。在那里,他们居然发现了业已沉睡 358 年的椰子壳信,这是一封哥伦布写给国王的求救书。而把这封信带到此地的信使正是洋流。

你知道

全球洋流循环一圈需要多长时间吗？

大海从来都不是平静的，海上常有波涛汹涌，海中的洋流也在一刻不停地涌动。水温低、盐度高的深海水悄悄地下沉，又经过大西洋、印度洋、南太平洋、北太平洋，再上升到大洋表面，整个过程构成了全球洋流循环。那么，要完成这个循环大约需要多长时间呢？

答案是 1600 年以上——这是令人震惊的数字。随着地球各大洋之间海水的流动、交换与循环，温度和热量被输送到全球各地，其中也包含了地球固态和气体资源等。但洋流最重要的功能还是维持全球恒温。

一次新的水循环开始啦！1600 年后再见！

走进海底
海底地貌

海底地貌是被海水覆盖的那一部分地壳麦面的起伏形态的总称，主要包括大陆架地貌、大陆坡地貌、大洋底地貌。

海底形成过程

整个地壳被划分为六大板块，其中又有大洋板块和大陆板块之分。大洋板块浮动在地幔之上，而高温熔融的地幔软流层在洋中脊部位逐渐上升，使得本已很薄的地壳开裂，于是，熔岩得以喷出。熔岩冷却后，便形成新的地壳，也就是海底。

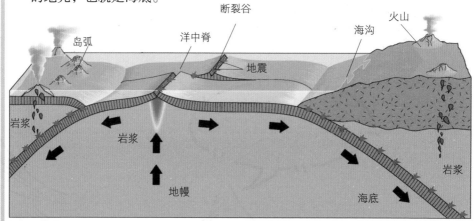

◎ 海底地貌示意图

洋中脊

洋中脊，又名中央海岭，是一条绵延于海底的宽大山脉。洋中脊顶部的地壳热量非常大，是地热的排泄口，也是火山、地震活动频繁的地方。

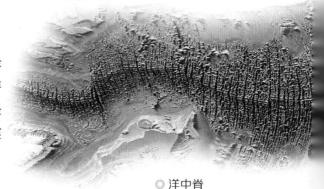

◎ 洋中脊

巨大的海底山脉

洋中脊纵贯地球四大洋，堪称地球上规模最大的山脉，绵延7万千米，宽度达1000~4000千米，总面积与地球陆地表面积相当。

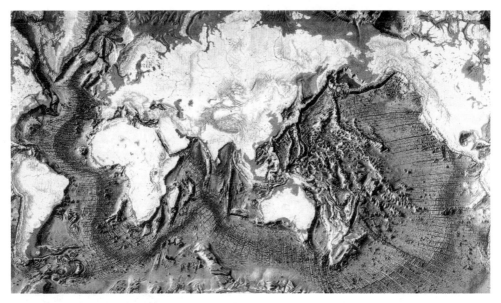

◎ 全球海底地貌

海沟

海沟是海底最深的沟槽，位于海洋中两壁既陡又狭长、且水深大于5000米的地方。海沟在太平洋东部和西部边缘均有分布，大西洋和印度洋中也存在一定数量的海沟，但海沟最为密集的地方则位于太平洋海域。

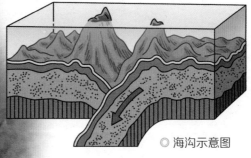

◎ 海沟示意图

爱因斯坦说

人类如何观测水下世界?

人类发明了许多特殊的机器设备用于观测、探索海面之下的世界，如水下摄影机，可以跟踪声波的声呐及其他工具，等等。

地球上最神秘的海底地带

地球上最深、最有名的海沟是位于西太平洋的马里亚纳海沟，最深可达 11034 米。这比陆地最高峰珠穆朗玛峰的高度还要高。马里亚纳海沟终年处于黑暗沉寂之中，是地球上最为神秘的海底地带。

◎ 卡梅隆驾驶深潜器成功下潜至马里亚纳海沟

海底平原

大海深不见底，但里面也有平坦如砥的大平原地貌，这便是海底平原。海底平原通常位于水深 3000~6000 米的海底。海底平原面积广袤，方圆可达几千平方千米。海底平原的坡度较小，比陆地上的平原还要平坦得多。

◎ 海底平原

海底

也存在着大峡谷吗？

陆地上存在着大峡谷，海底也一样存在着大峡谷。在大陆架的斜坡上散布着一道道裂谷，两壁高陡，坡度能达到40°，这就是海底峡谷。

海底峡谷的谷壁像悬崖一样陡峭而险峻，一直延伸到海底最深处。峡谷的断面有的呈现出"V"形，有的呈"U"形，有的如同陆地上的河道长达几百千米，还有的就是陆地上的河流在海底的延伸。

海底大峡谷的高度和规模远远超过陆地上的峡谷，以恒河为例，与它相连的海底峡谷，从大陆坡一直延伸到3000多米深的海底。进入海底后，峡谷继续分叉，末端又延伸到5000多米深的印度洋洋底，整个海底峡谷所占面积远远超过陆地上的恒河流域的面积。

这海真是深不见底！

热情海底
海底热液与火山

海底深邃无边，但这并不意味着它是死寂无声的世界，相反，这里有着地表一样的活跃，海底热液与火山便是"热情"海底的象征。

海底热液口
生活的管状蠕虫

海底热液

海底喷口喷出的热液称为海底热液，是海水受到地下的压力和岩浆的加热作用而形成的。这种烟雾状的热水具有不同的颜色，以白色、黑色和黄色最为常见。世界上第一个发现海底热液的科学家是美国科学家比肖夫博士，他于1979年在太平洋海底发现了海底热液。

◎ 海底热液

形成原因

海底洋中脊部位是火山地震活动频发区，岩石断裂破碎程度较深，海水能通过破碎带向下渗透，渗入的冷海水受热后，以热液形式从海底泄出。

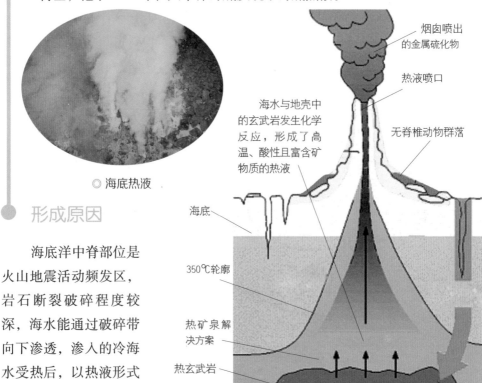

烟囱喷出的金属硫化物

热液喷口

海水与地壳中的玄武岩发生化学反应，形成了高温、酸性且富含矿物质的热液

无脊椎动物群落

海底

350℃轮廓

热矿泉解决方案

热玄武岩

◎ 海底热液形成示意图

地壳活动的证据

海底热液是地壳活动在海底表现出的特殊现象，它多发于地壳张裂或是薄弱的地方，如大洋中脊的裂谷、海底断裂带和海底火山附近。

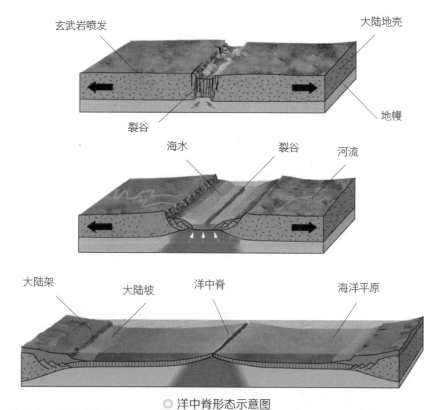

玄武岩喷发　　　　　　　　　　　　　　　大陆地壳

裂谷　　　　　　　　　　　　　地幔

海水　　　　裂谷　　　河流

大陆架　　　大陆坡　　　洋中脊　　　海洋平原

◎ 洋中脊形态示意图

奇特"王国"

深海热液喷口附近温度较高，但那里却是奇特生物的乐园：大得出奇的红蛤、海蟹、血红色的管虫、牡蛎、贻贝，还有看上去很像蒲公英的海底植物。此外，海底热液喷发时，还能在短时间内带出大量的矿物质，铜、铁、金、钴以及其他物质。

◎ 深海金属

爱因斯坦说

地球上最耐高温、最耐温差的动物是什么？

这种动物叫作庞贝蠕虫，它们既不怕热也不怕冻，就生活在最高温度可达 81°C 的海底热液中。

海底火山

海底火山出现在大洋底部，它们的分布非常广泛。海底火山喷发的熔岩表层在海底被海水迅速冷却，但其内部的岩浆温度依然很高。

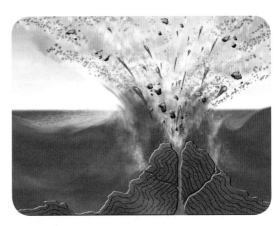

◎ 火山爆发示意图

突然长出来的海岛

世界上很多海岛的形成都与海底火山喷发有关。1963 年 11 月 15 日，在北大西洋的海面上就出现过这样的一次奇迹：海面下 130 米的海底火山突然喷发，一天一夜过后，一个海岛"长"了出来。

◎ 火山喷发的壮观场景

海底

会存在『雪山』吗？

稍有生活常识的人就能知道，雪山是指覆满积雪的高山。那里气温低，积雪终年不化，一般都位于陆地上，有的雪山上还分布着巨大的冰川。那么，在汪洋大海中是否有雪山存在呢？

还真有！在大西洋中脊裂谷中央的位置上坐落着一座高仅 2500 米的海底小山。这座小山的奇特之处在于，它全年都被积雪所覆盖，山顶的白雪如同圣洁的"婚纱"一般，海洋学家也因此称它为"维纳斯"。

但直到 1973 年 8 月，法国和美国的海洋学家在经过近距离的考察过后才宣布，这座"雪山"上所积累的"雪"并不是真正的雪，而是一层薄薄的白色沉积物。

海洋精灵

海底森林
海藻

森林是陆地上常见的景物，那么海里有没有森林呢？有的，就是成片聚集的海藻。海藻是最简单的植物，但也是由根、茎、叶组成的 不同的是，海藻的根是假根、假茎叶。海藻林不但为海洋动物提供食物，还是海洋动物的乐园。

海藻丛林

海藻是海底森林的组成者，是众多海洋生物的"美食"之源，也是海洋食物链中的基本环节。它们为海洋动物提供食物，也为小型动物提供游玩和避难的场所。当然，也会有一些猎食者专门闯入海藻丛捕猎小型海洋生物。

◎ 被海浪冲到岸边的海藻

向往阳光

海藻虽然长在海底，但它们依然需要阳光。有了阳光，它们才能茁壮成长。为了获取阳光，海藻们必须拼命地向着水面生长。有的海藻一天就能长高 50 厘米，最终长到数十米。

海藻的分类

海藻的类型有很多，最基本的种类是大叶海藻和小叶海藻，常见的有褐藻、马尾藻和墨角藻等。有的海藻非常巨大，世界上最大的海藻长度超过 33 米。

茎略呈现三棱形，叶子多是披针形

主干圆柱状、扁圆或扁平，长短不一，向四周辐射

◎ 马尾藻

藻体为黑褐色，成双叉状分枝，为扁平的角状叶

◎ 墨角藻

◎ 红藻

氧气制造机

海藻的生长环境多位于浅水区，不管是红藻还是褐藻，虽然颜色不同，都要进行光合作用——吸收二氧化碳的同时，释放出氧气。

爱因斯坦说

海藻与冰淇淋有什么特殊的关系？

海藻与冰淇淋看起来风马牛不相及，但它们可是生产冰淇淋的必备原料。冰淇淋中的琼脂，就是从海藻体内提炼出来的增稠剂制成的。

廉价血浆

海藻中的藻胶酸钠经过加工可以替代血浆，供人体使用，还具有增进人体造血功能的神奇效果。经消毒后的制品比血浆更容易保存，且保存期更长。

◎ 海藻具有很高的药用价值

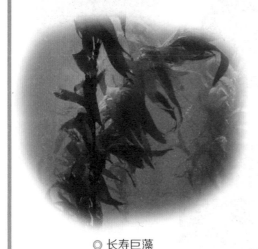

◎ 长寿巨藻

长寿巨藻

巨藻生长在海底岩石上，是藻类家族中最长的一个种类，体长可达几十米，最长的甚至能达到 200~300 米，体重足有 200 千克。此外，巨藻是植物界的"寿星"，普通巨藻的寿命在 4~8 年间，最长寿的巨藻可以存活 12 年。

脆弱的巨型海藻

巨型海藻为了生存，把自己像"夹子"一样的根牢牢地依附在海底岩石上，这样可以保障它们有个强壮稳固的根基。但这并不是"一劳永逸"的办法，一场强风暴就能将它们连根拔起，就算是接连成片的海藻丛林也能毁于一旦。

◎ 依附于海底岩石上的巨型海藻

绿潮

的危害有哪些？

绿潮是一种灾害性的生态现象，它是指当某些条件具备时，海水中的某些大型藻类（如浒苔）出现激增或高度密集的情形。

如浒苔爆发时，大量繁殖的藻类会在海面形成遮挡，挡住投入水面的阳光，影响其他藻类的生长。而死亡的浒苔会白白地消耗海水中的氧气，减少其他海洋物种的供氧量。另外，浒苔还能分泌出一种化学物质，对其他海洋生物造成不利影响。浒苔爆发时，还会影响海洋景观，影响旅游业和海上运输业。

春夏两季是绿潮灾害的多发期，进入炎热的夏季时，绿潮灾害便会结束。

千奇百怪
海洋鱼

鱼是一种古老的水生动物，海洋是它们最大的"家"。它们整日在海底游弋，用鳃呼吸，靠鳍前进，体表生有鳞片，体内有鳔，是一种会变温的脊椎动物，也是脊椎动物中种类最多的一大类。

鱼的分类

鱼类是一个庞大的家族，鱼的种类超过 2 万种。它们可以分为三大纲：圆口纲，即无颌纲；软骨鱼纲——内骨骼均为软骨，具有上下颌；硬骨鱼纲——适应各种环境生活的鱼类。

腔棘鱼出现于3.5亿年以前，当时在地球上极其丰富

体型大于多数化石种。是凶猛的掠食者，体粗重，鳍呈肢状，行动灵活。颜色鲜艳，易于区分。

◎ 腔棘鱼

又叫刀鱼，性凶猛

带鱼的体型侧扁如带，呈银白色，带有很细小的斑点，尾巴呈黑色，鱼头尖口大，全长1米左右

◎ 带鱼

硬骨鱼

硬骨鱼，顾名思义，它们身上的骨骼属于硬骨骼。硬骨鱼是数量最多的鱼类，种类非常多。带鱼便是常见的硬骨鱼。

迅速膨胀的刺河豚

刺河豚的"家"位于印度洋或地中海。它们的身上布满了尖锐的硬刺。当遭遇袭击时，刺河豚会立即吸入大量海水，让身体迅速膨胀，并张开利刺——远远看去，它就像一只不慎落水的刺猬一样。

◎ 刺河豚身上长着密密的许多针刺

尾巴细长，有些种类的刺鳐的尾巴上边缘有锯齿的毒刺

毒刺与电击

刺鳐是鳐鱼的一种，它的秘密武器是一根长长的毒刺，就藏在它们的背鳍里。人若是被它们的长刺刺中的话，若没有及时救治，会中毒而死。还有一种电鳐，当它受到攻击时，会出现放电的现象，称得上是"海底电击兽"了。

◎ 刺鳐

爱因斯坦说

有没有不会游泳的鱼？

洞鳗是一种生活在马尔代夫群岛海域的鱼，它们不会游泳，生活在沙窝里，因为不会游泳，它们只能躲在洞口，等待浮游生物送到嘴边。

桶眼鱼的眼睛能向前看或透过脑袋向上看，以便搜寻猎物头部的微弱轮廓，因此可以在漆黑的深海环境下生存

◎ 桶眼鱼

桶眼鱼

生活在太平洋、大西洋和印度洋的热带海域的桶眼鱼于 1939 年首次被人类发现。它又被称为幽灵鱼。它外形很奇特，头部透明且充满液体，鼻孔常让人误以为是眼睛，而翡翠绿的眼睛位于鼻孔后方，便于它直接向前看或透过脑袋向上搜寻猎物头部的微弱轮廓。

伪装大师

石鱼是动物王国中最善于伪装的捕猎高手。它的捕猎诀窍是把自己"装扮"成石头的样子，静静地伏在海底，等待猎物送上门来。它还有一种极为厉害的武器——生在背上的棘刺，就连鲨鱼见了，也会望而却步。

◎ 生活于岩礁、珊瑚间的石鱼

体粗短，头和口大，眼小，皮肤不光滑

致命毒素

石鱼具有极大的危害性，平时静悄悄地伏在海底不动，很难察觉。当有人误踩它们时，它们会将大量毒液注入人体内，引发创伤和剧痛，甚至给人带来致命伤害。而中了石鱼剧毒的人，皮肤会在 1 小时内变成蓝色，普通人在两三个小时内就会死亡。

石鱼不会主动发起攻击，但释放的毒液能够导致暂时性瘫痪症

◎ 石鱼常常潜伏在海底一动不动

鱼

会不会被淹死？

　　鱼常年与水为伴，在水中游弋时，它们用鳃呼吸，自由地浮沉。那么，鱼类家族中有没有因为"溺水"而死的呢？

　　有的。鱼能够在水中自由浮沉，靠的是它们体内的鱼鳔。鱼鳔能够充气，也能够放气，这个过程能够改变鱼体的比重。于是，鱼只需要稍微活动一下肌肉，便能够在水中保持漂浮的稳定状态。

　　但当鱼不断下沉，达到某一深度时，海水的压力迅速增强，使得它们没法调节鳔的体积。这时候，它们受到的浮力远远小于自身的重力，于是，它们"不由自主"地下沉，没法浮上来，很快就会"溺水而亡"。

虾兵蟹将
螃蟹和虾

螃蟹和虾同属于甲壳类动物，身体都被坚硬的壳所保护着，靠鳃呼吸。海洋和江河中都有它们的身影。螃蟹和虾的家族庞大，种类非常多。它们既是水生动物中一个重要的群体，也是人们餐桌上的常客。

水下将军

螃蟹的踪迹遍布江河、海洋以及沙滩。它们的眼睛非常奇特，被叫作柄眼。柄眼的基部有活动关节，所以，螃蟹的眼睛可以上下伸缩，伸出来的时候，就像两个望远镜一样。螃蟹最厉害的武器是一对大螯，它们经常举着这对大螯招摇过市。

螃蟹身体左右对称

◎ 螃蟹

走路移动要依靠这4对附肢，所以人多是横着走

能储水的鳃片

像其他生活在水中的鱼类一样，螃蟹也用鳃呼吸。不过，它们的鳃片有着更"高级"的功能——就算离开水，也能帮助螃蟹进行呼吸。其中的奥秘在于，螃蟹的鳃片能储存水分，这保证了螃蟹上岸后的安全。

◎ 螃蟹在水里和陆地都可以生活

招潮蟹

招潮蟹栖息在热带沿海地带。有人说，招潮蟹是为潮水而生的，因为只要潮水上涨，它们就会举着大螯手舞足蹈，因此，它们被叫作招潮蟹。招潮蟹有独特的逃生技巧，遇到危险时，会将眼柄横折入壳前端的凹槽里，然后迅速钻进洞穴中隐蔽起来。

眼睛

眼柄

比身体还大的大螯

小螯极小，用以取食

如果雄体失去大螯，则原处会长出一个小螯，而原来的小螯则长成大螯，以代替失去的大螯

◎ 招潮蟹

主要以螺壳为寄体，寄居的最大螺体最大直径可达15厘米以上

寄居蟹

寄居蟹和普通的蟹不同，它们的腹部又长又软，呈螺旋状地盘曲在螺壳内，尾巴钩住螺壳的顶部，螯挡在螺壳口处，以阻挡敌害进入。寄居蟹身上有脱皮的现象，但每次脱皮过后，它们就会长大一些，螺壳也会换成新的。

◎ 寄居蟹

爱因斯坦说

你知道陆地上最大的节肢动物是什么吗？

椰子蟹属于一种寄居蟹，体长可达1米，它们是最大的陆生蟹类，也是最大的陆生节肢动物。

虾的高招

体长而侧扁

虾壳薄，光滑透明

虾每天都在做的动作就是游泳，但它们没有鱼一样的尾鳍，只有一个扇形的尾巴和许多小腿。所以，它们进化出一种独特的游泳招数：用腿来游泳。虾在游泳时那些小腿就会像桨一样整齐地向后划水，推动身体的前行。

虾肉质细嫩，味道鲜美，营养丰富，并含有多种维生素及人体必需的微量元素，是高蛋白营养水产品

◎ 虾

越野千里

龙虾个头较大，身体细长，约为 30 厘米，生有复眼，这使它在跳跃时能够有极为开阔的视野。龙虾靠着腹足行走，其他时候则收起腹足。龙虾有很强的耐力，能够在海底爬行数十千米的距离。

外壳坚硬，色彩斑斓

头胸部较粗大

腹部短小

长触角

体长在20~40厘米之间

◎ 龙虾

规模庞大的磷虾群

头胸甲两侧下缘光滑或有侧齿

自然界中的许多动物都有迁移的习性，海底动物自然也不例外，并且它们还形成了世界上最庞大的迁移群体——磷虾群。一个庞大的磷虾群能够绵延数百米，每立方米海水中的磷虾数量最多可达 3 万只。

外形酷似小十足虾类，体长6~95毫米

◎ 磷虾

螃蟹

为什么要横着走？

　　这与螃蟹的生理构造有关。螃蟹身体两侧生有五对胸足，除去一对用于捕食和防御用的螯足，其他四对都是用于步行的附肢。它们分别朝着左右两侧伸出，由七个小节组成，节和节之间靠肌肉和光滑的薄膜连接。

　　当螃蟹行走时，节间肌肉交替伸缩，但它们只能带动足做出上下方向的动作，没法前后移动。所以，当螃蟹爬行时，就会体现出独特的方向性——一边的足抓地，然后用另一边的足伸直往一侧推。在我们看来，它们就是横着走的了。

　　事实上，并不是所有的螃蟹都只能横着走，有些螃蟹可以向前奔走，甚至还有向上攀爬的能力呢！

听说陆地上的动物也有迁移的习惯？

婀娜多姿 海底精灵

海底世界是一个生物的大乐园，漆黑幽暗的海底中游弋着各式各样的小"精灵"，珊瑚、海贝、水母、海星——它们各有各的特色和生存手段，共同构成了海底世界的种种奇观。

珊瑚虫

珊瑚虫是海底世界中最不寻常的动物之一，全世界的海底中生存着近万种不同类型的珊瑚虫。它们的身子呈杯子状，非常柔软，多数都能制造坚硬的石灰质外骨骼，它们的外骨骼就构成了珊瑚。珊瑚颜色艳丽，可做装饰品，也可入药。

体粗短，头和口大，眼小，皮肤被以疣状肿块和肉垂，不光滑

◎ 珊瑚虫

生性喜热

珊瑚生长在水温高于 20°C 的海域中，如赤道极其附近的热带、亚热海域。在水深 100~200 米的平静而清澈的岩礁、平台、斜坡、崖面和凹缝中多见形态多姿而艳丽的珊瑚群。

天然红珊瑚是由珊瑚虫堆积而成的，生长极缓慢，不可再生

◎ 红珊瑚

借力漂泊的海贝

海贝虽然生活在海里但它们不会游泳。平时，它们依附在海边的岩石或是珊瑚礁上，有的则把身体埋进沙中，静止不动。如果它们想去旅行的话，就要静等海龟、海蟹等动物的到来，将身体贴在它们的壳上，借助它们的力量"漂洋过海"。

属软体动物，种类繁多，形状各异，色泽鲜艳，光彩夺目

◎ 海贝

伞透明，呈圆盘状，直径10~30厘米，身体98%是水

口腕上有许多刺细胞

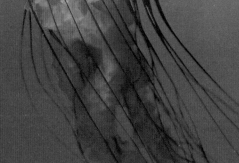

◎海月水母

古老的海底精灵

在海底深处生活着一种体态婀娜的特殊生物——水母。水母生命短暂，只能活几个月，但它们却是地球上最古老的生物之一，甚至比恐龙出现得还要早。水母的"小伞"内藏有一种特别的腺体，能够释放一氧化碳，这是水母身体膨胀的秘密，当水母遭遇危险时，它们会自动"放气"，迅速沉入海底躲避。

爱因斯坦说

水母那么柔弱，它们如何保护自己呢？

水母的身体主要由水构成，看起来非常柔弱。但它们身体的前端生有一种刺胞，里面有一条中空缠绕的管子，当刺胞针受到触动时，刺胞会马上射出管线，这些有毒的管子会麻痹被刺生物的神经。

"凶残"的捕食者

海星外表可爱，但你可不要被它们的外表所欺骗，它们在捕猎时会表现出"凶残"的一面。海星最喜爱的食物有行动迟缓的贝类、螃蟹等。捕猎成功后，海星会将自己的胃袋从口中吐出，让猎物在其体外溶解掉。海星还是有名的"大胃王"，一天要吃掉的食物量要比自己本身重量的一半还多。

体扁平，多为五辐射对称，体盘和腕分界不明显

通过皮肤进行呼吸

海星的棘皮皮肤上长有许多微小晶体，而且每一个晶体都能发挥眼睛的功能

海星的体型大小不一，小到2.5厘米、大到90厘米

◎ 海星

神奇的分身术

海星天生具备一个绝招——就算身体被撕成几块，只要将其抛入海中，每一块碎块都会重新生长出完整的器官，变成一个新的海星。

◎ 被撕碎的海星

◎ 海星是生活在大海中的一种棘皮动物

为什么

说海葵与小丑鱼是一对『好朋友』？

海葵的名字听起来像是一种海底植物，但它却是地地道道的海洋动物，并且还是一种捕食性的动物。海葵生活在海底的珊瑚礁石之间，像一朵朵小菊花。但你可不要被它们美丽的外表欺骗了。当有小型软体动物或甲壳类动物经过时，海葵就会挥动它们有毒的触手刺向它们，并将它们吞入口中。

可令人称奇的是，海葵单单很"宠爱"一种小鱼——小丑鱼。海葵不仅不伤害小丑鱼，还允许它们在自己身上"安家落户"。通常情况下，一只海葵中会生活着一群小丑鱼，当它们遇到危险时，也会钻入海葵的触手中，寻求保护。

原来，它们之间存在一种奇妙的共生关系，海葵保护小丑鱼；反过来小丑鱼能为海葵引来猎物，所以，它们是一对名副其实的"好朋友"。

霸主与救生员
鲸与鲨鱼

海洋是一个生物的王国，这里有小得不起眼的浮游生物，也有"巨人"一般的大鲸鱼；有温顺的海豚，也有强悍的猎食者——大鲨鱼。

最大的哺乳动物

头部巨大，下颌较小，仅下颌有牙齿

鲸是世界上最大的哺乳动物，体长可达 20 多米，体重可达 190 吨。鲸的祖先原本生活在陆地上，为了适应环境的变化，进入浅海生活，外形也进化为鱼类的样子。

体长可达20余米，体型似鱼，用肺呼吸。体重超过50吨，是体型最大的齿鲸

◎ 抹香鲸是世界上所有动物中头部最大的

杀人鲸

杀人鲸就是虎鲸，它们生性大胆而狡猾，且极为凶残。锋利无比的牙齿、快速准确的追捕本领、集体出动——这是它们横行海底的三大法宝。当杀人鲸出动时，无论是鱼、虾、海鸟还是鲨鱼、海象都别想侥幸逃脱。

身长为6~10米，体重9吨左右，头部略圆。嘴巴细长，牙齿锋利，善于进攻猎物

椭圆形的鳍肢位于体全长的前1/4处。雄性的鳍肢长可达体全长的20%，雌性的达11%~13%

◎ 虎鲸

有没有性情温顺的鲸鱼？

　　鲸鱼是凶猛的捕食者，但也有些种类的鲸鱼性情较为温顺，比如没有牙齿的长须鲸、蓝鲸、座头鲸等。这些温和的须鲸，喜欢吃一些小型甲壳类动物、小型群游性鱼类和贝类等。

海中狼

　　鲨鱼以"凶猛"著称于世，是名副其实的海洋霸主，有"海中狼"的称号。

　　鲨鱼是一种古老的生物，大约在 3 亿年前就出现在海底了。有趣的是，鲨鱼家族中不同的种类所喜好的食物也不同：槌头鲨喜欢吃鱼，而虎鲨则爱吃海龟，甚至还有爱吃浮游生物的鲸鲨。

鲸鲨是最大的鲨，也是最大的鱼

鲸鲨的体型与鲸鱼一样庞大，而且也是滤食动物

◎ 鲸鲨

自动更新的牙齿

　　鲨鱼是一种换牙频繁的生物，它的一生将会更换上万颗牙齿，只要前排的牙齿脱落，后方的牙齿就会"自动"生长出来。新生的牙齿会比旧的牙齿更大更锋利，帮助它们迅速撕碎猎物。

背鳍

牙大且有锯齿缘，呈三角形

白鲨身体巨大

◎ 大白鲨

尾呈新月形

浅海精灵

体长1.5~2.0米，体重50~70千克

海豚属于小型鲸类，喜欢吃小鱼、小虾以及乌贼、螃蟹等海洋生物。海豚非常聪明，是海洋中的"智多星"。海豚的栖息地多为浅海，这样方便它们频繁进行"换气"行为。"换气"时，海豚就会从水底跃出水面，极具观赏性。

体型圆滑，有弯如钩状的背鳍

◎ 海豚

广布于各海洋中

海豚不仅能救人，而且还是个天才表演家

听觉灵敏

海豚的听觉十分灵敏，水族馆中的一些杂音会损害海豚的听力，就连海豚表演时，观众的掌声对它们来说也是难以承受的，所以，我们在观看海豚表演时需要保持安静。

◎ 海豚正在表演

鲨鱼

能够边游泳边睡觉吗？

鲨鱼是海洋中的捕猎高手，它们为了满足巨大的身体消耗，要一刻不停地张开大嘴、漏出獠牙捕猎才行。那么，它们什么时候睡觉呢？能不能一边游泳一边睡觉呢？

过去，人们对鲨鱼的认知存在偏差，以为它们从来都不需要休息，更不睡觉。但根据最新的观察实验表明，科学家认为鲨鱼中的很多种类，如白鳍鲨、虎鲨和大白鲨都是睡觉的。它们的习性与人类相反，白天躲起来睡觉，晚上则目光炯炯地到处捕猎。

支配鲨鱼游动的器官是位于脊髓的中央测试信号发生器，它能使鲨鱼长时间保持无意识的游动。但因为鲨鱼没有眼睑，所以我们很难断定一只游动的鲨鱼是睡着还是醒着。

虽然我表演得也不错，但我不需要掌声，我需要自由。

障眼法

章鱼和乌贼

海洋看似平静，但暗藏"凶险"与"杀机"，所以，各种生物都得进化出属于自己的独特的防卫本领，而那些看似柔弱的动物所具有的逃生本领则令人称奇，比如章鱼和乌贼的通天障眼法。

怕冷的章鱼

章鱼对生活环境中的温度有一定的要求，所以温带海域是它们良好的生活场所。如果水温低于7°C，盐度也过低的话，就会导致章鱼大批死亡。双壳类与甲壳类动物是章鱼的天然"粮食"。

章鱼的眼睛不但大，而且睁得圆，一动也不动，像猫头鹰的眼睛似的

身体呈囊状

可以随时变换自己皮肤的颜色

长在头上的触脚共有8只，凶狠残忍，属于肉食性动物

◎ 章鱼

聪明的章鱼

严格说来，章鱼并不属于鱼类，它是一种软体动物，身上长有8只像绸带一样柔软的长触手，又被称为"八带鱼"。章鱼遇到"敌人"时，会喷出一股黑色墨汁帮助它逃跑。另外，章鱼还有非常发达的大脑，能轻松走出科学家设计的迷宫。

◎ 章鱼往外喷射墨汁

捕猎高手

章鱼能够连续六次往外喷射墨汁，还能够像灵活的变色龙一样，迅速改变自身的颜色和构造，比如，变成一块覆盖着藻类的"石头"，然后突然扑向猎物。

◎ 章鱼伪装成藻类

爱因斯坦说

章鱼还有哪些"天赋"特性?

章鱼的视力极为发达，还生有 3 个心脏、2 个记忆系统，大脑中分布着 5 亿个神经元，智商极高。此外，章鱼若是被"敌人"捕获的话，它能够自断触手，迅速逃生。而断掉的部位过段时间还能重新生长出来。

头发达，两侧的眼较大

头顶长口，口腔内有角质齿环，能撕咬食物

◎ 乌贼

脚长在头上

乌贼的身体好像一个橡皮袋子，内脏等器官就储存在这个橡皮袋子中。乌贼共有 10 条腕，8 条短腕，还有 2 条捕食用的触腕。乌贼身上最有趣的特点是，脚长在了头顶上。

周遭环境安全时，乌贼总是不紧不慢地靠波浪式的运动前行；但若出现险情，乌贼就会爆发出惊人的速度——以每秒15米的高速摆脱强敌

逃生专家

乌贼又称墨斗鱼或墨鱼。它是头足类动物中最杰出的"烟雾弹"专家。当乌贼遇到危险时，它会立即喷射出一股浓浓的墨汁，让"敌人"眼前一黑，辨不清方向，自己则趁机逃生。这也是"乌贼""墨鱼"等名称的来源。

◎ 喷出墨汁逃生的乌贼

游泳健将

乌贼善于逃生，更善于游泳。它不像别的鱼那样靠鳍游泳，它是靠肚子上的漏斗管喷水的反作用力飞速前进的，喷射的状态就好像是"火箭发射"一样，极具爆发力——就连鱼类游泳冠军的旗鱼，也不是乌贼的对手。

章鱼

到底有多聪明？

　　章鱼是一种非常聪明的无脊椎动物，聪明到什么程度呢？说出来令人震惊。它们若是被关起来的话，章鱼是懂得自己处于"被关押"的处境的，还清楚地知道"关押"它们的人是谁。

　　章鱼这么聪明，与它们大脑中的神经细胞数量有关。研究表明，章鱼大脑中所拥有的神经细胞高达 5 亿个，这与田螺的 1 万个、龙虾的 10 万个以及蜜蜂的 100 万个相比，高下立见——真是想不聪明都不行。

　　此外，就算与脊椎动物相比，章鱼也毫不逊色。章鱼的神经细胞远远超过大鼠的 2 亿个，几乎与猫的智商等同。

　　章鱼在打开紧闭的牡蛎壳时会巧妙地利用石块来帮忙，当牡蛎打开壳时，它们还会先丢进去一块石块，以防止牡蛎"突然关门"而夹到自己。

让你见识下火箭发射的速度。

海洋素食者 海牛、儒艮

大海中有凶猛的"肉食者"，也有很多身躯庞大，但却是实实在在的"素食者"，比如海牛和儒艮，就是"素食者"的代表动物。

胆小的海牛

海牛能在淡水或是海水中生活，虽然体型庞大，但却是"素食爱好者"。当海牛离开水后，它们就会变成一个"胆小的孩子"，不停地哭泣，还能流出"眼泪"呢！

外形呈纺锤形，颇似小鲸，但与鲸不同

浅海"大胃王"

头部有触毛；头大而圆，唇大，由于颈短，头能灵活地活动，便于取食

海牛多数生活在较浅的海域或是河口附近，仅有少数品种的海牛栖息在河流深处。海牛的防卫能力较弱，行动迟缓。海牛食量惊人，号称"浅海除草机"，每天吞下的水生植物可达 27~45 千克。

前肢像鳍，后肢已退化，皮厚，灰黑色，有很深的皱纹

◎ 海牛的食量惊人

大象的远亲

据生物学家考证，海牛原本是生活在陆地上的动物，跟大象有亲缘关系。大约在一亿年前，由于环境的变化，海牛被迫进入浅海中生活。但它们依然保持着原来的食性，以植物类为食。

◎ 在浅水地区进食的海牛

爱因斯坦说

海牛的"眼泪"是怎么回事？

海牛离开水后，眼角处会"泪流不断"。其实，那并不是真正的眼泪，而是用来保护眼睛的含有盐分的液体。

体纺锤形，身体的后部侧扁。皮肤较光滑

头部较小，略呈圆形。上唇略呈马蹄形

海中美人鱼

儒艮属于海牛目，它们多栖息于河口或浅海湾内。儒艮会定期浮出水面呼吸，经常被误认为是"美人鱼"。虽然儒艮绰号美丽，但它们却是不折不扣的"吃货"——每天要吞掉45千克以上的水生植物。

成体背面灰白，腹面稍浅。鳍肢短，梢端圆，无指甲

◎ 儒艮

喜欢水质良好并有丰沛水生植物的海域，定时浮出海面换气

◎ 因雌性儒艮偶有怀抱幼崽于水面哺乳的习惯，所以也被误认为是"美人鱼"

与美丽无缘

儒艮虽然被叫作"美人鱼"，但它们的形象却并不美丽。外形好似一只巨大的纺锤，有2米多长，体重约为400千克，身子大，头小，尾巴像月牙。与它们庞大的身躯相比，儒艮的眼睛小得可怜，且鼻孔生在头顶上。

海牛与儒艮的异同

海牛与儒艮同属于海牛目，都是海里的"笨家伙"，外表也是一样的丑陋，不仔细看的话很难分辨。不过它们之间也有区别：从外形上看，海牛体型更大；其次是它们的尾部，海牛的尾鳍是圆形的，而儒艮的尾鳍是新月形的，后缘中央有一个缺刻。

◎ 与海牛不同，儒艮的尾巴和鲸类近似，中央有一个缺刻

真的有

『美人鱼』的存在吗？

在某旅游胜地，很多游客都声称他们曾目睹了"美人鱼"现身的场景。据目击者称，"美人鱼"通常出现于日落时分，但听到了人类的惊叫后，它便纵身跃入海水里，身后还拖着一条长尾巴。

但经过科学家的考证，人们得知，那并非是美人鱼——美人鱼只是存在于童话中的形象而已。人们看到的这种像美人鱼的动物被叫作儒艮。因为儒艮的乳房与人乳房的位置相似，当雌儒艮抱着幼崽浮出海面哺乳时，远远望去，就像一个母亲抱着孩子似的。这便是造成人们误解的主要原因。

天都黑了，我却还没有吃饱。

食肉猛兽
海狮、海豹

海狮、海豹都是海洋馆里的"明星"动物，很受小朋友的喜爱；海狮、海豹还与海狗同属"海上三雄"。而且它们外形很像，让人很难分辨清楚。

"狮子"的外表

海狮生活在海洋里，长了一张跟狮子很相似的"脸"。海狮不喜欢固定地住在一个地方，每天都要为了寻找食物而四处漂流。

体型较小，体长3米左右。面部短宽，吻部钝，眼和外耳壳较小

前肢较后肢长且宽，前肢第一趾最长，爪退化

◎ 正在休息的海狮

食肉猛兽

海狮是海洋中的食肉猛兽，爱吃鱼类和乌贼。海狮身体粗壮，胃口惊人。一头海狮一天要吃掉40千克的食物。一条几斤重的大鱼，对于海狮来说也不过是"小菜一碟"。

◎ 海狮正在进食

潜水高手

与人类潜水员相比，海狮堪称绝对的"潜水高手"。因此，当人们面对深不见底的海水时，会像海狮发出请求，请它们帮忙完成一些潜水任务。一头训练有素的海狮能在一分钟内将沉入海底的物品"打捞"上来。

◎ 潜入海底的海狮

◎ 海洋馆的南海狮

海洋馆里的大明星

南海狮是海洋馆里的明星，尤其擅长杂耍，顶球则是它们的拿手好戏。经过一段时间的训练后，只要驯兽员将一个彩球抛入水中，南海狮会立即钻出水面，用鼻尖轻松接住飞来的彩球。随后，它会用鼻尖使球旋转起来，戏耍够了，还能将球反抛给驯兽员呢！

爱因斯坦说

海狮和海豹有哪些区别呢？

海狮的身体上没有斑点，海豹身上有；海狮有耳朵，海豹却没有；海狮的爪子比较像鱼，海豹的爪子类似猫爪；海狮能够抬起上半身，海豹却不能。此外，海洋馆中表演顶球的是海狮，因为海豹做不出这样的动作。

海豹体粗圆，呈纺锤形。全身被短毛覆盖，背部蓝灰色

后鳍肢大，向后延伸，尾短小而扁平

◎ 海豹只能横卧在地上，不能在陆地上行走

肉食动物

海豹身体光滑，呈流线型，四肢退化为鳍状，擅长游泳，是海洋中的"肉食者"。在海豹的皮下储存着厚厚的脂肪，能够为它们储备能量，保持体温。

恐怖的威吓

壮年的雄象海豹个头很大，经常发出一种让人不寒而栗的威吓声，而且传播范围极广。据科学家解释，它们的发音过程很有趣，不是声带振动而产生的。在象海豹发声前，它们先弯曲长鼻子，将鼻尖插入口中，接着使劲吸气，空气就在口中打成旋涡，发出巨大的轰鸣，经鼻子的共鸣作用后，恐怖的威吓声就传出去了。

象海豹发声时，弯曲的长鼻子

◎ 象海豹正在发声

海狮

的名字是怎么来的？

海狮的得名原因很简单——面部轮廓与草原上的狮子非常相似。海狮属于哺乳动物，只不过是生活在海里的。

海狮与海豹一样，都属于鳍足类。这是因为它们的四肢已经退化为鳍，这种退化能够方便它们在海洋中的行动。

海狮的食物主要是鱼类和乌贼，还包括贝类；但当一只海狮处于十分饥饿的状态时，也会"饥不择食"，吞掉附近的企鹅。海狮的胃口很大，要不停地游弋在水中进行捕食才能满足自己一天的消耗。

在海狮家族中，"个头"最大的要数北海狮了，因为体格健壮，它们赢得了"海狮王"的美称。

近年来，海狮已成为一种濒危物种，也是我国国家二级保护动物。

别看我有些肥胖，我也是潜水高手。

海空卫士
海鸟

海底世界热闹喧嚣，海面上又何尝不是呢？这里有很多海鸟出没，好像在自动自觉地守卫着它们的"海洋家园"一样。它们各具特色，又各怀绝招。

没有鼻孔的海鸟

身长约90厘米，头大；嘴长而强，鼻成管状；颈短

◎ 信天翁

我们都知道，潜水是海鸟的必备技能，也是它们的拿手好戏。很多海鸟能够轻松下潜到十多米甚至上百米的海下，然后再浮出水面。为了不让海水灌入鼻孔中，这类海鸟的鼻子经过长期演化，已经褪去了外鼻孔，成了没有"鼻孔"的海鸟。

体长56~75厘米，嘴直，颈粗而长，常弯曲成优美的"S"形

怪叫的潜鸟

潜鸟的腿又粗又壮，脚趾上覆盖着一层大大的脚蹼，是游泳和潜水的高手，也有极高的飞行本领。但它们更令人印象深刻的是那奇怪的叫声，混合着喉声和怪异的悲鸣，如同"不怀好意"的怪笑一般，令人生畏。

◎ 黑喉潜鸟

聪明的海雀

它有一张大嘴巴，呈三角形，带有一条深沟

体长约25厘米，翼展18~20厘米

海雀，是挪威北部沿海地区常见的海鸟。海雀身长约为 25 厘米，嘴巴是大大的三角形。海雀喜欢成群结队地居住在悬崖峭壁上的石缝里。当"敌人"入侵时，海雀会立即摆出环状队形，快速地绕着"敌人"环飞，将"敌人"绕晕。

蹼脚，在陆地上行走时显得僵硬、步履蹒跚

◎ 海雀

体羽以深褐色为主，兼有黑色或灰色及白色

大小和燕子差不多

◎ 暴风中的海燕

飞行家海燕

海燕身形较为娇小，体长为 13~25 厘米，身被暗灰或是褐色羽毛，有着坚硬的钩嘴和管状的鼻孔，是有名的飞行高手，尤其擅长在暴风雨中飞翔。

爱因斯坦说

暴风海燕有什么神奇之处?

暴风海燕又名威尔逊暴风海燕,它们在飞行时,可以凭借自己强有力的翅膀以近乎垂直的姿态直线上升。

● 海港领航员

海鸥体型中等、身姿矫健,肚子上覆盖着洁白的羽毛,十分可爱。神奇的是,海鸥会围在浅滩、岩石或是暗礁周围齐声鸣叫,提醒船员们不要触礁。海面起雾时,船员们也会观察海鸥飞行的方向,以便驶出迷雾,找到港口。

体长38~44厘米,翼展106~125厘米,体重300~500克

◎ 海鸥

空中大盗

在动物的世界中,是不存在"偷盗"这些概念的,但却有偷盗的行为出现。贼鸥便是海鸟中有名的偷盗者,号称"南极之鹰"。它们懒惰至极,连自己的窝巢都不愿意亲自动手,而是用霸占的手段侵占其他鸟的"家园"。此外,它们经常偷盗企鹅蛋和那些幼小的新生企鹅。

形似海鸥,较粗重,淡褐色,具白大翅斑

贼鸥从来不自己垒窝筑巢,而是抢占其他鸟的巢窝

◎ 贼鸥

为什么

人们把军舰鸟称为『海盗』？

军舰鸟是一种大型海鸟，生活在热带海区。军舰鸟的翅膀长而尖，是飞翔高手。白天时，军舰鸟几乎是一刻不停地翱翔在海面上，飞行技巧高超，高空翻转盘旋、直线俯冲都是它们的拿手好戏。而它们也正是凭借着这种本领在空中袭击那些叼着鱼儿的海鸟。

而那些被袭击的海鸟多半会被军舰鸟这种凌厉的气势吓得"没了主意"，只能匆忙地逃走，连口中的鱼儿也顾不得了。当鱼儿下落的时候，军舰鸟又会迅速地冲过来，凌空叼住，然后迅速吞入腹中。

军舰鸟这种掠夺的习性，引起了博物学家的注意，并因此为它们取名为"军舰鸟"。

其实，军舰鸟的脚非常小，走起路来非常笨拙，并不适合下水捕猎，所以，它们通过抢夺的方式获取食物，人们也叫它"海盗"。

今天的食物也太少了。

海上明珠

海上明珠
岛屿

岛屿被誉为大海的"明珠"，它们星罗棋布地散落在各大海域，是海上最美丽的风景。每个岛屿又各具特色，成为人们休闲度假的好地方。

大堡礁属热带气候，无大风大浪，成了多种鱼类的栖息地

世界最大的珊瑚礁群

世界上最大、最长的珊瑚礁群是位于南半球的大堡礁。它北起托雷斯海峡，南到南回归线以南附近，最宽处达240千米，包括近千个岛礁和浅滩，为著名旅游胜地。大堡礁具有得天独厚的自然环境，气候宜人，几乎没有什么风浪，是鱼儿的避风天堂，这里是有名的"海中野生王国"。

◎ 在大堡礁附近海域，能看到不同的水生珍稀动物，如座头鲸、儒艮、青龟等

夏威夷群岛

位于太平洋中部的夏威夷群岛由132个小岛组成，其中只有10个比较大的岛能为人类提供生活空间。夏威夷群岛气候宜人，全年温差小，甚至感受不到季节的变化，是一片比较温和的群岛。夏威夷群岛是一群火山岛，也是太平洋上有名的火山活跃地带。直到现在，岛上的火山口还会随时喷发出炙热的岩浆。

◎ 从空中俯瞰的夏威夷群岛火山

梦之岛

博拉博拉岛是一座火山岛，坐落于南太平洋中部。它是由一个主岛和四周的环礁所组成的岛群。海水清澈，景色十分优美，号称"距离天堂最近的地方"。岛的中部有一座名为奥特马努山的双峰火山遗迹，在火山喷发之前，它曾隆起于海底之上达 5400 米，如今，这座长期熄灭的死火山上覆盖着浓密的绿色森林。

◎ 博拉博拉岛的双峰火山

希腊最美岛屿

圣托里尼岛属于希腊领土，面积 75.8 平方千米。圣托里尼岛由 3 个小岛组成，其中 2 个岛有人居住，中间的 1 个岛是沉睡的火山岛。历史上这里曾发生多次火山爆发，以公元前 1500 年最为严重，岛屿中心大面积塌陷，原来圆形的岛屿呈现了现在的月牙状，是希腊风景最美，也最具名气的岛屿。

◎ 伊亚位于圣托里尼岛的北部，以山崖上蓝顶白墙的童话房屋闻名于世

鬼斧神工——大西洋圣岛

S 形的大西洋纵向濒临四个大陆，其间散落着无数的岛屿，更有多个极具特色的小岛，为人所称道。如风光旖旎的圣托里尼岛、被石柱所环绕的斯塔法岛，以及一夜而生的苏尔特塞岛等。

◎ 斯塔法岛

管风琴之岛

坐落于苏格兰西海岸外的斯塔法岛，四周被六边形的石柱所环绕，远远看去，就如一根根管风琴的管子一般。

◎ 斯塔法岛的石柱景观

冉冉升起的小岛

苏尔特塞岛的诞生富有传奇性。1963 年 11 月，正在附近航行的船员们看到一股高高的烟柱从水面窜出，几天后，海面上就出现了一座约 40 米高、500 米长的岛屿，这就是苏尔特塞岛。

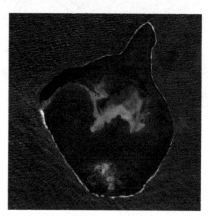

◎ 苏尔特塞岛的卫星图

爱因斯坦说

你知道"巨人岬"吗?

鼎鼎有名的巨人岬位于北爱尔兰，它是一种玄武岩石柱。据说，它是由巨人芬·马克库尔所建造的堤道的一端，另一端就位于斯塔法岛。

夏威夷群岛

是怎么形成的？

夏威夷群岛面积超过 2 万平方千米，气候湿润，林木茂密，土地肥沃，有优良的港湾和机场，是美国唯一的群岛州，也是世界闻名的旅游胜地，它就像一串熠熠生辉的明珠一般点缀在太平洋中北部的"十字路口"上。那么，这 132 个岛屿是怎么形成的呢？

事实上，夏威夷群岛的形成要感谢的正是藏在太平洋下的海底火山。而露出海面的岛屿部分正是海底高大的火山锥顶部。太平洋底部发生断裂，熔岩外流，堆积起高大的火山，上面有很多火山口，形成许多山峰。那些露出海面的山峰，就形成了一个个小岛。

夏威夷群岛上至今还留有 5 个盾状火山，其中的冒纳凯阿火山海拔 4205 米，是世界著名的活火山。

生物进化博物馆
加拉帕格斯群岛

加拉帕戈斯群岛又名科隆群岛，由13个大岛与许多小岛，位于南美大陆延入太平洋约970千米的海域，这里聚集着各种生物，号称"独特的活的生物进化博物馆和陈列室"。

火山群岛

加拉帕戈斯群岛形成于四五百万年以前，因海底火山喷发而形成。一百多万年前，才浮出海面。直到现代，岛上的火山喷发还是时有发生，最近的两次喷发分别发生在1995年和1998年。

◎ 加拉帕戈斯群岛

◎ 火山群岛

神秘舞台

在加拉帕戈斯群岛生活着一些不同寻常的动物物种，如鬣蜥、巨龟和多种类型的雀类等。1835年查尔斯·达尔文参观了这片岛屿后，大受启发，继而提出了进化论。

头短而钝，背、腿粗壮有力

主要以仙人掌为食，这与加拉帕戈斯群岛比较干旱的气候有关

◎ 鬣蜥是水陆两栖性动物

◎ 番石榴

果肉白色及黄色，胎座肥大，淡红色；种子多数

叶薄，呈椭圆形或卵状长圆形，树皮绿褐色，藤状灌木

◎ 腺果藤树

孤独而美丽的群岛

加拉帕戈斯群岛上生长着世界上罕见的奇花异草，活跃在此处的动物也是珍奇异兽，干燥地带上遍布仙人掌林、高处森林密布，腺果藤树、醉鱼树和番石榴数不胜数——这些植物和动物以岛为家，为这座孤岛贡献出一份份生机。

海洋生物聚集处

加拉帕戈斯群岛位于寒暖流交汇处，这里有南方来的秘鲁寒流和北方来的赤道暖流，当它们交会时，会带来大量的海洋生物，喜寒和喜暖的动物一应俱全。

爱因斯坦说

加拉帕戈斯群岛的名称有什么含义？

加拉帕戈斯群岛原本叫"魔鬼之岛"，因为岛上有很多大乌龟，就被叫作"加拉帕戈斯群岛"，意为"巨龟之岛"。

自然博物馆

据生物学家考证，加拉帕戈斯群岛上生活着700多种地面动物，80多种鸟类和数不清的昆虫，其中最出名的就是巨龟和大蜥蜴。这里也有"世界最大的自然博物馆"之称。

热带气候

◎ 生活在加拉帕戈斯群岛的巨龟

加拉帕戈斯群岛地处热带，全年干燥少雨，只有特定的地形下才有潮湿的气候出现，如最高峰的东南坡，受云雾影响，获得一些额外的降水。

◎ 加拉帕戈斯群岛景色宜人

海龟

是怎么形成的？

海龟是古老的海洋动物，遍布于除北冰洋外的所有海域中。作为长期与海水相伴的动物，海龟的身上也会出现"流泪"的现象。但它们流的并不是真正的"眼泪"，而是在排出体内的盐分。

海龟的食物多为含盐量较高的动物和植物，平时又靠咸苦的海水解渴，时间久了，体内会积聚大量的盐分。要想把那些多余的盐分排出体外，就得依靠长在眼窝后面的盐腺来完成。盐腺能帮助海龟将其体内的多余盐分从眼睛边缘处慢慢地排泄出来，看起来就好像海龟在"流泪"一样。

这里确实是巨龟之岛，但我是这里最小的乌龟。

这真是一只巨龟呀，果然是巨龟之岛。

人间伊甸园
马尔代夫群岛

马尔代夫群岛是马尔代夫共和国所在地，也是位于印度洋上的一个岛国，由19组珊瑚环礁、约2000个小岛组成，被誉为"上帝抛洒人间的项链""印度洋上人间最后的乐园"。

银沙环绕

在印度洋浩瀚的蓝色海域中，马尔代夫群岛点缀其间。群岛被银沙环绕，如同包裹着一颗颗碧玉，而碧玉旁的蓝色海水则是"碧玉"的天然滋养品。

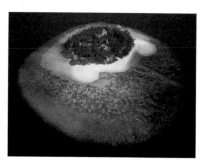

◎ 马尔大夫群岛被银沙环绕

奇特的水上屋

"水上屋"是马尔代夫群岛上一道靓丽的风景线。它们直接建造在蔚蓝澄澈的海面之上，使得居住其间的人一抬眼便能饱览水色天光，五彩斑斓的热带鱼、鲜艳夺目的珊瑚礁以及银白晶莹的沙滩，加之萦绕耳边的海鸟鸣叫，感觉奇妙极了。

◎ 马尔代夫水上屋

沉没之谜

有科研机构认定马尔代夫群岛可能在下个世纪沉入海底。由于全球变暖，海平面不断上升，终将导致海拔低的马尔代夫群岛沉入海底。但另一个研究机构则坚称，马尔代夫群岛沉没的断言属于无稽之谈。

◎ 马尔代夫群岛

最后的"伊甸园"

塞舌尔群岛由 37 个花岗岩岛和 78 个珊瑚岛组成，面积 455 平方千米。这里盛产各种植物，也有多种珍稀生物活跃其间，景色优美，被誉为"最后的伊甸园"。

◎ 塞舌尔群岛旅游观光

爱因斯坦说

你知道令塞舌尔的"五月谷"闻名于世的"宝物"是什么吗？

  塞舌尔的"五月谷"堪称天堂中的伊甸园，这是世界上最小的自然遗产，其中最著名的"宝物"便是生长在这里的 7000 多棵海椰子树。

媲美象牙的海椰子

  海椰子是塞舌尔群岛的宝物，而它的果实则是植物家族中最大、最重的种子。一个海椰子的重量在 10~30 千克之间。海椰子成熟得慢，要等33 年才能结果，而成熟的海椰子果肉洁白坚硬，甚至可以媲美象牙的硬度；此外，海椰子是长寿树，最多能"活"400 年！

◎ 海椰子

海椰子也称复椰子，果实里面坚果状的部分通常2瓣，似两个椰子，可食用

树干挺直，高15~30米，由于整棵树庞大无比，所以也被称为"树中之象"

◎ 海椰子树

遗失的宝藏

  1685 年开始，大量海盗船以塞舌尔为据点，引得英、法两国派出海军进入这片海域追剿海盗。半个世纪后，海盗彻底绝迹。但人们至今还坚信一点——在岛上藏有大量海盗遗失的宝藏。

◎ 围剿海盗

你知道

地球上有多少个群岛吗？

群岛是集合在一起的小型岛屿群体的统称；此外，那些彼此间距离很近的小型岛屿也被称作群岛。那你知道地球上有多少个群岛吗？

世界上有名的岛屿群有 50 多个，它们遍布四大洋，其中群岛数量最多的大洋是太平洋海域，有 19 个；大西洋群岛数量位居第二，有 17 个；再次为印度洋，有 9 个；群岛数量最少的大洋是北冰洋，只有 5 个。

根据成因的不同，群岛可分为构造升降引起的构造群岛，火山作用形成的火山群岛，生物骨骼形成的生物礁群岛以及外动力条件下形成的堡垒群岛四种。

世界第一大群岛便是位于太平洋与印度洋之间海域的马来群岛，由 2 万多个大小岛屿组成。它们分属马来西亚、印度尼西亚以及文莱、巴布亚新几内亚等多个国家。

苹果落在牛顿头上，他发现了万有引力，如果椰子砸头上，我会发现什么？

会发现你头上长一个大包吧！

惊天动地
大海的咆哮

海洋能为我们带来无边的美景和无尽的资源，但它并不总是风平浪静的，它潜伏着凶险，也能为人类带来杀机——海底地震和海啸便是海洋"咆哮"的两种剧烈形式。

海底地震

海底岩石突然断裂而发生的急剧运动被称为海底地震。海底地震及由此引发的海啸会给人类带来严重的灾害。海底地震发生时，还伴随着多种有害气体喷出，会对海洋生物造成致命的灾难。

◎ 海底地震喷发的烟雾

晃动特点

地震发生时，人们首先感到的是上下方向的跳动。因为地震波从地内向地面传来，纵波首先到达地面。接着人们会感受到水平方向上的晃动——这也是造成灾害的主要原因。

地震对自然界景观也有很大影响。最主要的后果是地面出现断层和地裂缝

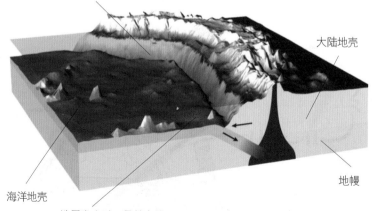

大陆地壳

地幔

海洋地壳

地震发生时，最基本的现象是地面的连续振动

◎ 地震示意图

威力巨大的海浪

海啸是由风暴或海底地震造成的海面恶浪，并伴随有巨响出现的海面灾难，是一种具有强大破坏力的海浪。2011 年 3 月 11 日，日本东北部海域发生地震并引发海啸，造成了难以估量的人员和财产损失。

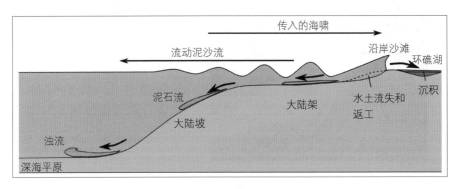

◎ 海啸示意图

发生原因

海啸通常由震源在深度 20~50 千米、里氏震级 6.5 以上的海底地震引起，海啸的传播速度为每小时 500~1000 千米，到达沿海地区后波高可达数十米，并形成"水墙"。海啸多发生于太平洋附近海域，如夏威夷群岛、日本及周围区域等。

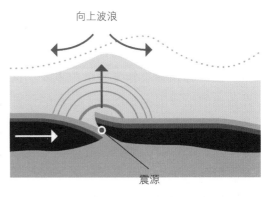

◎ 地震引发的海啸

爱因斯坦说

海啸有哪几种类型?

按成因来分，海啸可分为三种类型，分别为地震海啸、火山海啸以及滑坡海啸。地震与海底火山喷发是引起海啸的两大主因。

◎ 海啸的传播速度很快

威力巨大

有一种海啸威力极大，能够越过大洋或从很远处传播而来，在没有岛屿或是其他障碍的阻挡时，它们能传播数千千米并且还保持着巨大的能量，使数千米之外的地方也遭遇海啸灾难，这就是遥海啸。20世纪60年代，智利的一次海啸就使得数千千米之外的夏威夷和日本都遭受了巨大灾难。

海啸预警

海啸的破坏性极大，不仅是当地，甚至能波及万里之外的地区，因此对海啸的监控和预警工作显得极为重要。世界各地的沿海国家都配备了精密的预警系统。这个系统包括探测器和安装在专门浮标上的仪器，前者可能监控海底地震等情况，而后者则负责监测海面高度的异常变化。

◎ 海啸淹没城市

◎ 海啸预警系统监测仪

海啸

发生时为何潮水先退后进？

海啸发生时会有一个奇怪的现象：潮水袭来前，会先向后退，退到离沙滩很远的地方，过一段时间后，海水又会重新聚集上涨。这是怎么回事呢？

通常，最先到达海岸的都是海啸冲击波的波谷——也就是波浪中浪高最低的部分。要是它先登陆的话，海面势必下降。此外，海啸冲击波与一般的海浪有很大区别，它的波长非常大，因此，波谷登陆后，要隔一段时间，岸边的人才能见识到波峰的威力。

如果这种情况发生在海洋地震震中区域的话，也有可能是另一个原因引起的：地震发生时，海底地面会出现大幅度的抬升和下降。这会引发地震区所在的海域的海水的抬升和下降，继而出现海啸现象。

我还能加速到每小时 1000 千米。

潜伏的杀手
海上危机

海冰、海雾以及赤潮都是常见的海面"杀手"，它们看似平静，但暗藏杀机，能给海上运输业或海洋生物带来致命的危害。

航线上的"杀手"

盐度高的海水也会出现结冰的现象，就是海冰；当然海冰也包括深入大洋中的陆地冰川、河冰以及湖冰。海冰非常坚固，甚至能抵御炸药的轰炸，堪称海上航运的潜在"杀手"。

冰原

冰山

冰层

海水

大陆架

海洋

地平线

大陆坡

断层海岸

◎ 海冰示意图

海上"堡垒"

海冰的盐度、温度和冰龄决定了海冰的抗压强度。一般来说，新冰比老冰的抗压强度大。1969 年，我国的渤海海域发生过一次特大冰封，为解救船只，空军曾在 60 厘米厚的堆积冰层上投放 30 千克炸药，但坚硬的海冰如同堡垒一般"毫发无损"。

◎ 遇难的船只

海雾

海雾是海面低层大气中一种水蒸气凝结的天气现象。因为它能反射各种波长的光，所以呈现出乳白色。海雾出现时，整个海面能见度极低，容易引发海上事故。冬春之交，我国的南海、台湾海峡一带都会出现海雾现象。

◎ 海雾

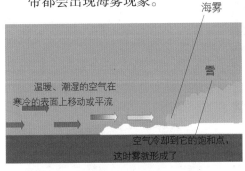

海雾

雪

温暖、潮湿的空气在寒冷的表面上移动或平流

空气冷却到它的饱和点，这时雾就形成了

◎ 海雾示意图

平流冷却雾

平流冷却雾又叫暖平流雾或平流雾。这是一种浓度高、范围大、持续时间长，能见度小的大雾，多于春季时出现，影响范围主要包括北太平洋西部的千岛群岛和北大西洋西部的纽芬兰附近海域。

◎ 来自西侧太平洋的海雾乘西风经大桥进入南北向旧金山海湾时，常常把大桥突然淹没。当雾区边缘经过大桥时，便会出现"雾断金门"的奇景

爱因斯坦说

海雾可分为几种类型？

　　根据成因的不同，海雾有平流雾、混合雾、蒸发雾、辐射雾和地形雾五种。其中平流雾是影响范围最大且严重的一种类型。

赤潮灾害

　　赤潮是指海水中某些浮游植物爆发性疯长，进而改变水体颜色的一种有害生态现象。值得注意的是，赤潮并非特指红色。

◎ 发生赤潮的海水

海上幽灵

　　赤潮的发生，对于处在其影响范围内的海域生物来说，意味着灾难和末日。疯狂生长的藻类会掠夺掉所有的营养物质，包括氧气，令其他生物窒息而亡。

◎ 赤潮使海洋动植物死亡

什么

叫蓝藻水华？

蓝藻是一种藻类生物，又叫蓝绿藻，属于一种非常简单原始的藻类。

蓝藻生活在水里，当它所处的河水遭遇严重有机污染，氮、磷含量超标呈严重富营养化状态下，再遇上适宜的温度（气温在18°C）等条件时，蓝藻会爆发式地增殖。蓝藻本来的颜色是绿色，当大量的蓝藻聚集在水面时，会给水面"涂"上一层绿油油的"漆"，为此，专家们为这种现象取了一个漂亮的名字——蓝藻水华。

蓝藻水华是一种污染现象，爆发时，会消耗大量水体中的氧气，这将给同水域的鱼类带来致命的灾难。此外，它会使得水体变了颜色，散发出浓浓的腥臭味。

风暴来袭
气象灾害

气象灾害是因天气或气候异常而引起的灾害。主要有暴雨、大风、冰雹、霜冻、干旱、洪涝等。它们分别出现在世界各大海域，给各地区带来严重的人员财产损失。

飓风

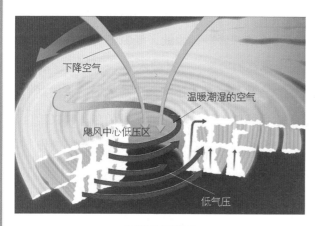

◎ 飓风示意图

飓风出现在大西洋和北太平洋东部海域，是一种破坏性极强的灾害。"飓风"一词源于加勒比海语，意为"恶魔"；也有人说它是玛雅神话中创世巨神中的一位，即雷暴与旋风之神。

飓风与台风

飓风和台风都是指风力达 12 级或以上的热带气旋；不同的是，发生在北太平洋西部和我国南海的强烈热带气旋被称为"台风"，而生成于大西洋、加勒比海以及北太平洋东部的强烈热带气旋则被称为"飓风"。

◎ 飓风对城市造成的影响

风暴潮

风暴潮是一种灾害性的自然现象，由于剧烈的大气扰动导致海水异常升降，使受其影响的海区的潮位大大地超过平常潮位的现象。热带风暴潮多出现于春秋季节，夏季也偶有发生，多发于欧洲北海沿岸、美国东海岸以及中国北方海区。

◎ 风暴潮造成的灾害

爱因斯坦说

台风所导致的风暴潮有什么特点？

台风风暴潮的主要特点是来势猛烈、速度快，强度大，破坏力强。台风风暴潮多出现于夏秋之交。

"圣明之子"

厄尔尼诺是指因海水温度变化所引发的一种异常的气候变化。厄尔尼诺现象出现后，湿润多雨的地方会变得异常干旱。"厄尔尼诺"源自西班牙语，意为"圣婴"或"圣明之子"。

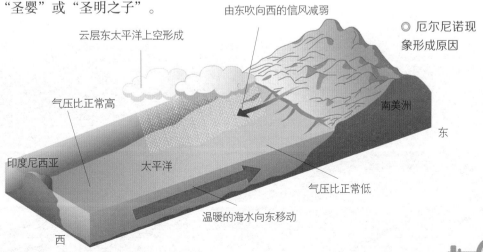

◎ 厄尔尼诺现象形成原因

由东吹向西的信风减弱

云层东太平洋上空形成

气压比正常高

南美洲

东

印度尼西亚

太平洋

气压比正常低

西

温暖的海水向东移动

气候异常

厄尔尼诺现象出现时，太平洋沿岸的海面水温异常升高，使得原属冷水域的太平洋东部水域变成暖水域，造成一些地区干旱，另一些地区又降雨过多。这种气候异常现象出现的频率在 2~7 年之间。

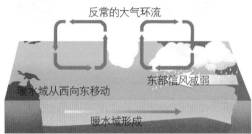

正常的大气环流

信风从东向西吹动

西太平洋海域水温升高

深层海水涌到海面

◎ 正常年份

反常的大气环流

暖水域从西向东移动

东部信风减弱

暖水域形成

◎ 厄尔尼诺期间

反厄尔尼诺

反厄尔尼诺指的是"拉尼娜"——即赤道附近东太平洋水温反常变化的现象。拉尼娜的特征与厄尔尼诺正好相反，洋流水温反常下降，引发全球气候异常。神奇的是，拉尼娜现象多数出现在厄尔尼诺现象之后。

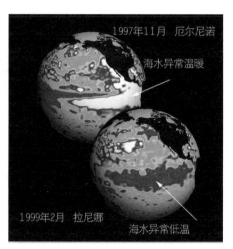

1997年11月　厄尔尼诺

海水异常温暖

1999年2月　拉尼娜

海水异常低温

◎ 厄尔尼诺现象和拉尼娜现象

◎ 厄尔尼诺现象造成的干旱

「疯狗浪」是怎么回事？

"疯狗浪"的说法起源于 20 世纪 80 年代。那时候，有些人在海岸附近活动时，会被突如其来的大浪卷入海中。于是，人们把这种突如其来又十分危险的海浪称为"疯狗浪"。

疯狗浪的出现与海风有关。持续的东北季风吹刮与同类风速共振的波浪，会引发巨大的涌浪，这层巨大的厚水块到达岸边后，将作用力倾斜于海滨的某个角落，崩散的浪块就是人们常说的疯狗浪。

疯狗浪危害性极大，有时候会卷走海边的游人、掀翻小船，严重时会破坏海港码头，工程设施以及海港防护设施。

疯狗浪的多发季节为冬季，游人们要提高警惕，注意躲避。

不想再见！

天然食品库
海洋食品

海洋是地球的重要组成部分，也是人类最重要的天然食品库，鱼类是我们重要的能量和营养来源，海水淡化可以解决人类饮用水不足的问题，而海盐则能够为人类提供必要的微量元素。

海洋的恩赐

作为海洋产业的重要内容之一，海洋渔业包括海水养殖、海洋捕捞等多个项目。海洋渔业养育了沿海地区的渔民，也为人类贡献了不尽的美味。

◎ 海洋养殖

世界四大渔场

日本的北海道渔场、英国的北海渔场、加拿大的纽芬兰渔场以及秘鲁的秘鲁渔场是世界上最有名的四大渔场。它们位置不同，形成原因多与洋流有关。

位于千岛寒流与日本暖流的北海道附近海域，浮游生物丰富，故鱼群密集，是世界第一大渔场

◎ 北海道渔场

海水淡化

海水淡化的主要环节在于脱去海水中的盐分，使之变成淡水。海水淡化能够增加淡水总量，保障沿海居民的饮用水和工业供水需求。天津市通过大力发展海水淡化项目缓解了"缺水"的局面。

◎ 海水淡化

全球推广

如今，世界上有十多个国家的一百多个科研机构都在开展有关海水淡化的科研项目，一座现代化的大型海水淡化厂，每天可以生产成千上万甚至上百万吨的淡水，这对于缓解愈加紧张的用水"危机"有着极大的意义。

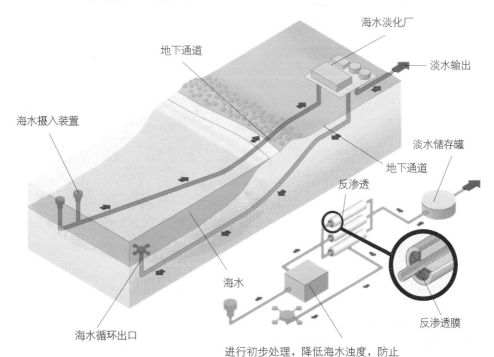

海水淡化厂

地下通道

淡水输出

海水摄入装置

淡水储存罐

地下通道

反渗透

海水循环出口

海水

反渗透膜

进行初步处理，降低海水浊度，防止细菌、藻类等微生物生长

◎ 反渗透法海水淡化示意图

海盐提取

海盐是指以海水为原料,用日晒法或煎煮法制成的盐。日晒法是现代海盐提取的主要方法,即在涨潮时将海水引入盐田,在风吹日晒的作用下,将其中的水分蒸发,得到浓缩结晶的盐粒。中国是有名的海盐大国,渤海、黄海沿岸分布着大量的盐场。

◎ 正在晒盐

碘的"故乡"

碘是重要的药用材料和化工原料,还是人工降雨和火箭添加剂中不可或缺的物质。碘的主要来源之一便是海水。海水中的碘集中在海藻中,尤其是干海带,含碘量高达 1%,是人工提碘的主要原料。

◎ 碘来源于海藻

◎ 盐场

"海盐大国"

中国是有名的海盐生产大国:辽宁、天津、河北、山东以及江苏等省市为北方海盐产区。渤海、黄海沿岸分布着大量的盐场。

中国

最大的海洋渔场在哪里？

中国最大的近海渔场是舟山渔场。它与俄罗斯的千岛渔场、加拿大的纽芬兰渔场和秘鲁渔场齐名。

舟山渔场的形成，得益于此地的地理环境、水文条件和生物条件等多种有利条件。舟山渔场及其附近海域是多种鱼类繁殖、生长、觅食和越冬的良好场所。

舟山渔场产量极多的鱼类有大黄鱼、小黄鱼、带鱼以及乌贼等群体，这也是此地有名的"四大渔产"。

舟山渔场最鼎盛的时期，曾出现过上万艘渔船、十多万渔民同时下海捕捞的盛况，是名副其实的大型渔场。

天气好，晒太阳！

能量之源
海洋资源

从海面到海底深渊，海洋中蕴藏着极为丰富的资源，如石油、天然气、矿物以及水力资源等。科学家正着手研究科学的开采方法，既不破坏海洋环境，又能利用其中的资源，为人类造福。

地球的血液

海底蕴藏着丰富的石油和天然气资源，它们是地球在数万年变迁中形成的宝贵资源。人们把这种埋藏于地下的石油和天然气形象地比喻为"地球的血液"。

◎ 石油

海上钻井平台

海上钻井平台被称为"浮动的城市"，包含开采石油所需的设备和人力。它既像一个联合工厂，又像是一栋建在海上的公寓楼。有的钻井平台漂浮在海面上，有的钻井平台则固定在海底的柱子上。

◎ 工人正在开采石油

钻井设备要有很强的抗波和抗水力，还要有耐久性以及稳定性

◎ 自升式海洋石油钻井平台

海底锰结核

锰结核的外形像个"大疙瘩"。它最早是在19世纪70年代由"挑战者"号调查船做深海探测时发现的。锰结核是世界各大洋底的常见物质，但因为所处位置较深，开发有一定的难度。但它们是镍、铜和锰矿的潜在来源。

锰结核中30%~40%是铁和锰，还含有镍、铜、钴、锌、钛等30多种元素

锰结核存在的形式为硅酸盐和难溶性高锰酸盐

呈同心圆一层一层地包裹着

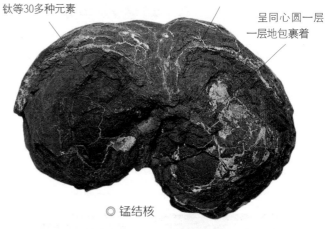

◎ 锰结核

天然气

海底沉积物中蕴藏有丰富的甲烷，即天然气，其中只有一小部分会以气泡的形式向外涌出。科学家们正在研究如何开采海底天然气，以便满足人们对天然气的需求。

天然气水合物又称"可燃冰"，主要赋存于深海沉积物或陆域的永久冻土带中

因其外观像冰，在常温常压下融化并释放出可燃性气体，所以又被称作"可燃冰"

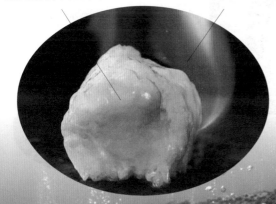

◎ 可燃冰

◎ 海底天然气

爱因斯坦说

什么是可燃冰?

可燃冰是一种新型矿物,又被称为天然气水合物。它的特点是能量密度高、杂质少,燃烧后也不会产生污染物。

再生能源宝库

海洋中蕴藏着无法估量的能源,并且它们多为可再生资源,主要包括潮汐、波浪、海流、海水温差、海水盐差等。这些能源可用于发电,满足人类生产和生活的各项需要。

◎ 海浪发电原理图

◎ 潮汐发电

风能和海浪能

海风、海浪和潮汐都能转化为能源。潮汐发电就是利用海湾、河口等有利地形,建筑水堤,形成水库,以便于大量蓄积海水,并在坝中或坝旁建造水力发电厂房,通过水轮发电机组进行发电。

潮汐能的能量与潮量和潮差成正比

将能量转化为电能

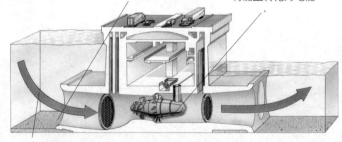

在涨潮过程中,汹涌的海水具有很强的动能,而随着海水水位的升高,就把海水的动能转化为势能

◎ 潮汐发电原理图

海洋

中也蕴藏着淡水资源吗？

我们都知道海水是咸的，那么海洋中会不会有淡水出现呢？

有的。世界各大洋的底部都蕴藏着非常丰富的淡水资源，约占海水总量的20%。这些珍贵的淡水资源储存在海平面下1500米深的原生代岩层里。这是一种储存了数万年的优质水源，富含多种矿物质和微量元素，非常适合人类饮用。

海水中还储存着一种名为重水的物质。它由氘和氧组成，和普通的水很相似，无色无味。它能参与核聚变，辅助发电，更是新一代的主体能源。重水虽然类似于普通的水，但它是不可饮用的。

一直转圈，转得头好晕！

海上城市 巨轮

伴随时代的发展，人类的造船技术也日趋发达，人类征服海洋的工具逐渐由木质帆船发展为现代化轮船，其中最突出的代表就是邮轮和航母，它们拥有完善的生活设施和庞大的身躯，被誉为"海上城市"。

邮轮简史

邮轮最早出现在西方，已有上百年的历史。19世纪初期，航空运输技术不够成熟，人们多利用邮轮漂洋过海；但当飞机制造技术成熟后，邮轮渐渐退出了历史舞台。

◎ 早期邮轮

"钻石公主"号

"钻石公主"号是世界15大顶级奢华邮轮之一，是蜚声世界的"公主号"系列船队中体积最庞大、设施最完善的顶级邮轮之一，有着"漂浮的五星级酒店"的美誉。

◎ "钻石公主"号内部

工业世界的七大奇迹之一

"大东方"号被设计为用螺旋桨和风帆推进的铁壳船，这艘被誉为"海上浮城"的大船可载客 4000 人，载货 6000 吨，这是当时人类造船工程技术的顶峰。出海时，"大东方"号能够装载 5 万吨燃煤，光是烧煤的工人就得 200 个，被媒体列入"工业世界的七大奇迹"之列。

◎ "大东方"号

◎ "诺曼底"号邮轮

"诺曼底"号

"诺曼底"号邮轮是划时代的巨型轮船，直到今天，还有人在怀疑它的真实性，因为它实在过于梦幻。"诺曼底"号吨位达 83423 吨，被誉为"震惊世界的最豪华最漂亮的游船"。

爱因斯坦说

著名的"泰坦尼克号"是电影家的杜撰吗？

世界上真的存在过一艘名为"泰坦尼克号"的豪华游轮，它隶属于英国白星航运公司，于1911年下水。但它首次出航便因撞上冰山而沉入海底。

"海洋绿洲"号邮轮

"海洋绿洲"号邮轮是目前世界上最大的邮轮，长360米，宽47米，共有16层甲板。每层甲板上都建有很多客舱，客房数超过2700间。

◎"海洋绿洲"号

"海洋绿洲"号由美国皇家加勒比邮轮公司订购，是目前世界上最大的邮轮

◎"海洋绿洲"号内部局部图

特殊的航线

旅游业中的游轮与远洋油轮不同，它们不会横渡大洋，而是采取沿着海岸线绕圈的方式航行，起点和终点通常是同一个港口，旅程也不算漫长，一般为1~2星期。

◎ 游轮

邮轮

最初的用途是什么？

邮轮已有一百多年的历史，最初它属于邮政部门，专门用来运送洲际间的邮件和包裹。因为没有飞机，所以跨越大洋的邮递业务都得依靠邮轮才行。后来逐步增加了运送旅客的业务——一般的邮轮均带有游览性质。

1850 年以后，英国皇家邮政将一部分邮递业务转租给私人船务公司，以便分担他们的运载压力。这样一来，那些原本只是用来载客的远洋轮船，变成了悬挂特殊信号旗的载客远洋邮务轮船。"远洋邮轮"一词由此出现。

随着民航客机的出现，远洋邮轮失去了它原本的功能，渐渐转变为只供游乐的游轮。

海上飞虹
跨海大桥

如果说独木舟和巨轮是人们征服海洋的移动工具，那么，跨海大桥就是人类征服海洋的静态设施。跨海大桥横跨大海，将不同的城市紧密地联结起来，犹如一座座海上飞虹，为大海添上一道靓丽的风景。

庞恰特雷恩湖桥

美国路易斯安那州有一座被收录进吉尼斯大全的桥，它曾被认为是世界上最长的桥，名为庞恰特雷恩湖桥，它连接着新奥尔良和曼德韦尔两个地方，桥长 38.4 千米。

◎ 庞恰特雷恩湖桥

日本濑户内海大桥由多座吊桥、斜张桥与梁桥联结，构成壮观的桥梁群

名桥众多

据统计，全世界已经建成的大型跨海大桥的数量已超过 50 座，计划建设的还有数十座。在 20 世纪中，已经建好的著名跨海大桥有日本濑户内海大桥、美国金门大桥以及沙特阿拉伯和巴林之间的跨海公路大桥等。

◎ 美国金门大桥

厄勒海峡大桥

这是一条跨越厄勒海峡的公路、铁路两用桥，也是全欧洲最长的行车铁路两用的大桥隧道，它连接着丹麦首都哥本哈根和瑞典城市马尔默。

◎ 厄勒海峡大桥

杭州湾跨海大桥

杭州湾跨海大桥跨越杭州湾海域，北起浙江嘉兴海盐郑家埭，南通宁波慈溪水路湾，全长 36 千米。

◎ 杭州湾跨海大桥给人们的生活带来便利

◎ 杭州湾跨海大桥夜景

爱因斯坦说

跨海大桥的桥墩是怎么建造的呢?

要建好桥墩就要先打好桩基础,主要方法有两种:沉井基础,相当于把一个装满混凝土的大桶沉入海底,并固定住;沉桩,用打桩机将一段段的钢柱打进海底,固定牢靠后再进行后续的工作。

港珠澳大桥

港珠澳大桥是连接香港大屿山、澳门半岛和广东省珠海市的一座跨海大桥,途中跨越的海域为珠江口伶仃洋海域,全长约55千米。

◎ 港珠澳大桥

意义深远

港珠澳大桥是中国建设史上里程最长、投资最多、施工难度最大的跨海桥梁项目,从开工之日起便备受关注。桥梁连接着世界上最具活力的经济区,将对香港、澳门以及珠海等地的经济及社会发展产生深远影响。

◎ 港珠澳大桥对香港、澳门以及珠海等地有巨大影响

对于

金门大桥，你了解多少？

金门大桥是美国著名建筑，也是旧金山的象征。它位于美国加利福尼亚州的金门海峡之上。它是世界桥梁工程史上的经典案例，也是世界著名桥梁之一。

金门大桥桥身全长 1900 多米，建造期长达 4 年，于 1937 年 5 月建成通车。金门大桥共消耗了 10 万多吨钢材，耗资超 3550 万美元。它的建造者是著名桥梁工程师约瑟夫·斯特劳斯。

金门大桥为南北向，结构漂亮，曾是世界上最长的悬索桥，非常有名。金门大桥的巨大桥塔高 227 米，每根钢索重 12824 吨，由 27000 根钢丝绞成。

颜色是金门大桥的另一大亮点，桥身呈朱红色与周围环境相协调，起雾时，它的颜色更加突出醒目。新颖的结构和靓丽的颜色使得金门大桥成为最上镜的大桥之一。

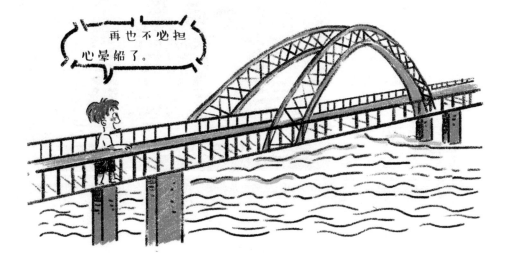

再也不必担心晕船了。

千年探险
海洋开拓史

千年以来，人类为了寻找新大陆，财富和探险，足迹遍布各大洋。人类穿行于各个大洋，在冒险的同时，也在开拓。而在这一过程中，世界变得越来越小，人类也变得越来越亲密。人类文明也得到了交流和加强。

最初的探索

很久以前，人们认为地球是平的，有人担心，要是船只航行到离岸很远的地方，就有可能跌进陆地边缘的深渊，被隐藏在那里的恶龙所"捕获"。虽然如此，4000年前的埃及人却勇敢地划着纸草和芦苇船，进入了茫茫的大海之中。

◎ 埃及的芦苇船

最初的经验

从前，人们只要看到海岛就会乘舟船逐岛而去，从而建立起陆海之间的文化交流。大名鼎鼎的中国古代四大发明，就是通过海洋渠道传到世界各地的。

◎ 古埃及的壁画带桨的船，可以看出人们探索大海进行文化交流

◎ 克里特岛米诺斯王宫是地中海各文明的结合

海洋文明

　　海洋文明令全世界的人们互相认识，互相学习。世界七大洲都是通过海洋紧密相连，海洋文明直至今日也具有不可替代的作用。

中国的海洋文明

　　中国人探索海洋的历史非常悠久，内涵丰富的海洋文化也是中华民族古老文明的重要组成部分。早在 7000 多年前，中国人就造出了世界上最早的船。我们的祖先从那时候起，就开始尝试探索海洋了。

◎ 迄今为止世界上发现的最早的船出土于浙江杭州萧山的跨湖桥新石器遗址，考古专家推断出它的"年龄"为 7600~7700 岁

◎ 中国是世界上最早制造出独木舟的国家之一，并利用独木舟和桨渡海

爱因斯坦说

古人如何在海上辨别方向?

最初,人们利用太阳和星星的位置辨别方向。后来人们相继发明了能测量纬度的仪器和能测量经度的仪器,就可以知道自己与出发点之间的方位变动了。

星盘

星盘是几百年前的天文学家或航海家用来进行天文测量的重要仪器。在星盘的帮助下,航海家就能知道船只的经度、盘面指针能显示出船只相对于太阳或北极星的大致位置。

希腊人发明的星盘,是用来进行天文测量的天文仪器。用途是定位和预测太阳、月亮、金星、火星相关天体在宇宙中的位置

◎ 星盘

十字测天仪

十字测天仪的精确度要比星盘更高。但这种仪器都要求使用者观测两个地方——地平线和太阳或者北极星,它们受天气影响很大,阴雨天就没法使用了。

使用时,先选定一颗不动的星,即把长杆按前伸方向放在眼前,从它的一端观察,调整移动短杆的位置,直到可从其下面孔中看到地平线,而同时从上面孔中看到北极星为止

◎ 十字测天仪

亚特兰蒂斯文明

是怎么回事？

亚特兰蒂斯是一个传说中的国度，位于欧洲到直布罗陀海峡附近的大西洋之岛。那是一片拥有高度文明发展的古老大陆。

最早描述亚特兰蒂斯文明的人是古希腊哲学家柏拉图，在他的著作《对话录》中，柏拉图描述了这个毁于史前大洪水的国度。

据说，亚特兰蒂斯是一个崇尚海洋文明的国度，人民以海洋之子自居，极度崇敬与大海有关的一切。但它在一次席卷全球的大洪水中沉没了。

在此后的千年间，人们对亚特兰蒂斯产生了莫大的兴趣，竞相寻找它的遗迹。2013 年，人们在葡萄牙西边海域发现海底金字塔，有些人认为这是亚特兰蒂斯的遗址，但并没有得到更为权威的证据。

糟糕，大雾天气，根本找不着北。

冒险与发现
大航海时代

大航海时代，又被称作地理大发现，是指 15 世纪末到 16 世纪初，欧洲各国航海家横渡大西洋、开辟新航线，进行环球航行的一个特殊历史时期。

危机与希望并存

古代埃及人和维京人是最早的海上探险家。他们依靠浅显的航海知识，架着简陋的小船驶向海洋。一次远洋航行需要几个月甚至几年的时间。而海面上危机四伏，很多船只离港后就再也不会返航了，但回来的人会带来更多的新见闻与新知识。

◎ 海上探险家维京人

新航路的开辟

葡萄牙位于欧洲伊比利亚半岛的西南侧。从 15 世纪开始，葡萄牙王室便积极参加对非洲大陆的航海探险和殖民活动，经过几代人的努力，终于开通了绕道非洲南段直达印度的新航路。其代表人物为迪亚士，他是好望角的发现者。

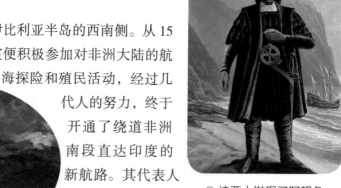

◎ 迪亚士发现了好望角

◎ 好望角卫星图

发现美洲

葡萄牙人在探索非洲的过程中，西班牙人也不甘落后，他们派出哥伦布一行人从欧洲起程，一路向西航行，结果意外发现了通往美洲的新航路。哥伦布开启了欧洲与美洲的接触史。

◎ 哥伦布登上美洲新大陆

爱因斯坦说

为新航路的开辟做出重大贡献的人物有哪些？

航海家们梦想着能够找到通往中国和印度的新航线，在这一过程中做出过突出贡献的人物有迪亚士、麦哲伦、哥伦布、达·伽马等，最终，人们发现了通往亚洲的航道。

意义深远

新航路开辟后，殖民掠夺随之开启，这对世界各国的历史产生了深远的影响。亚洲、非洲和美洲的许多国家，从此沦为西方殖民者掠夺的对象，但人类文明的序幕也由此拉开。

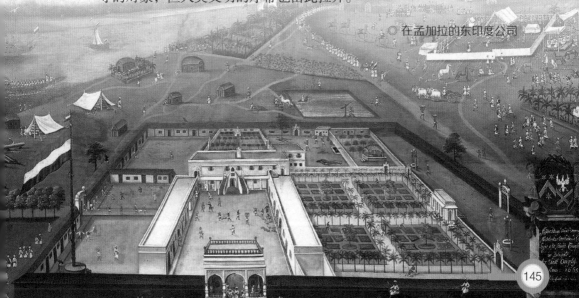

◎ 在孟加拉的东印度公司

库克船长

在海洋探险史上，詹姆斯·库克是不能被忽视的一个英雄。这位来自英国的探险家、航海家和制图学家，进行了3次闻名于世的探险航行。在不断的探险过程中，他为太平洋的地理学知识增添了不少新的内容，最重要的是，他穿越南极圈，完成了人类历史上第一次南半球的大洋环球航行。

◎ 库克船长首次登上夏威夷群岛

船长68米，靠风帆和蒸汽机的动力推进

"挑战者"号

"挑战者"号是世界上第一次进行环球海洋科学考察的调查船。此后，人们探索的注意力逐渐从海面转向海洋深处。科学家就是在这艘船上发现了世界上最深的海沟——马里亚纳海沟。

◎ "挑战者"号科学考察船

麦哲伦

亲自完成了环球航行吗？

直到 15 世纪时，很多欧洲人还坚信大地是平坦的，海洋的尽头是无尽的深渊。但到麦哲伦出现后，这种看法终于被改变了。

麦哲伦进行了一次具有开创意义的环球航行，是世界航海史上的伟大成就。1519 年 9 月 20 日，在西班牙王室的支持下，葡萄牙航海家麦哲伦率领他的探险船队出发了，经过近 3 年的艰辛历程，他的船队终于回到西班牙。这次环球航行不仅发现了新的航线，同时也用无可辩驳的事实证明了地球是圆的。

麦哲伦的船队经过了欧洲、南美洲、亚洲和非洲以及大西洋、太平洋和印度洋，并发现了麦哲伦海峡。但不幸的是，麦哲伦一行人到达菲律宾群岛时，因与当地土著发生冲突，麦哲伦被一支毒箭射中，客死他乡。

随后，他的船队继续起航，返回了欧洲。

我证明，地球是圆的，不是方的。

野蛮维京人
北欧海盗

海面上的危害不仅都是大海和天气造成的，还有人为的凶险，即横行海面的海盗。他们抢夺财物、杀戮船员，令人闻风丧胆。

◎ 挪威海盗博物馆的海盗船

海盗的前辈

美国系列电影《加勒比海盗》使得加勒比海盗风靡世界，但与北欧海盗比起来，他们只算得上后生晚辈而已。北欧海盗主要来自挪威、瑞典和丹麦等北欧国家，通常乘着长体船在西北欧的海岸线上活动，专门劫掠途经此处的商船。

◎ 维京人

无所畏惧的水手

要想加入北欧海盗的行列，"你"必须先成为一位了不起的水手；事实上，北欧海盗留下了许多令人刮目相看的"战绩"——最为大胆的北欧海盗甚至跨过了那时还不为人所知的大西洋北部的广阔水域。

海盗的危害

海盗一直是最令船员们感到恐惧的海上危害之一。有时候，几只海盗船会联合起来组成海盗舰队，肆无忌惮地劫掠过往船只，有时候，他们还会冲到岸边的小渔村，将村庄洗劫一空。

◎ 海盗舰队

◎ 海盗打劫过往船只

海盗的诡计

在灯塔出现以前，住在海边的人们用点燃烽火的方式向过往船只提示危险。但海盗们则会偷偷熄灭烽火，引诱过往船只触礁或搁浅，趁火打劫。

爱因斯坦说

北欧海盗都是天生的"坏蛋"吗?

北欧海盗并非都是天生的"坏蛋"。他们中的很多人因种种原因失去产业，不得不沦为海盗，而他们原本的职业有农夫、渔民甚至是商人或是工匠。

◎ 海盗在海上四处作乱

活动区域

北欧海盗主要活跃在英格兰和爱尔兰等处，但偶尔也会到直布罗陀和地中海一带耀武扬威。有的海盗还会深入东欧腹地作乱。

海盗袭来

征服英国，自立为英王，称威廉一世。诺曼底公爵威廉率北欧海盗于公元 1066 年入侵英格兰。

◎ 威廉率北欧海盗入侵英格兰

◎ 北欧海盗擅长海上作战

北欧海盗的『单挑』是怎样进行的？

北欧海盗有令人闻风丧胆的气势，而他们也固守着古老的海盗"规则"：自称"狂战士"的海盗在海面上遇到敌人时，通常会将船系在一起，然后在船头搁置跳板，方便海盗们依次上场单挑。

单挑是可怕的过程，只有两个结局：将对方全部杀死，或是自己战死，然后由后面的同伴为自己复仇。

这是一个血淋淋的过程，那些胆小懦弱的人会选择跳入海里。一旦成了逃兵，不会被追杀，但要受到所有人的唾弃，就连家人也会把这个胆小鬼视为空气一样的存在。

由此可见，那些敢于第一个上场单挑的人，必定是最为勇敢有力的武士，也就是勇敢的狂战士。

海底"古墓"
神秘的沉船
与遗迹

人类在征服海洋的旅程中取得许许多多举世瞩目的成就。但是，这些成就的背后也隐藏着许多惨痛的代价，长眠于世界各大洋中的沉船便是那些"代价"的证明。

"黑石号"

一千多年前，一艘名为"黑石号"的阿拉伯籍商船在印尼苏门答腊海域触礁沉没。它在海底沉睡了千年之后，终于在1998年被人们打捞出来。在这艘古船上，人们发现了大量珍贵的中国唐朝的文物，最有名的要数长沙窑瓷碗。

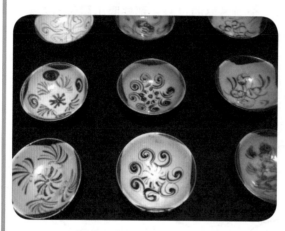

◎ "黑石号"沉船上的长沙窑瓷碗

事故现场现古船

2010年夏季，人们在纽约市中心"9·11"恐怖袭击纪念地意外发现了一艘18世纪的古沉船。据考古学家推测，这是一艘航行于哈得孙河内的商船，而考古发掘也证实了这一推测，船上藏有大量的属于18世纪的珍贵文物资料。

◎ 海底沉船

奥兰群岛古沉船

2011 年 6 月，一则拍卖消息震惊了文物界：一瓶从 19 世纪沉船中发掘出的香槟酒被拍出了 3 万欧元的"天价"。而这艘沉船及香槟酒在人们发现它的时候，已经在海底沉睡了几百年，但它保存得十分完好。

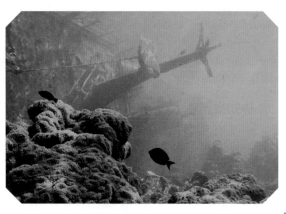

◎ 奥兰群岛古沉船

寻找阿托卡

1622 年 8 月，一艘满载珠宝的、名为"阿托卡夫人"号的西班牙商船从南美返回西班牙的途中遭遇飓风，不幸沉船。消息传出，吸引了大量寻宝爱好者前来寻宝。但只有一人成功了，他就是梅尔·费雪。经过全家人坚持不懈的寻找，1985 年 7 月 20 日，费雪和他的家人终于找到了"阿托卡夫人"号和上面成吨的黄金。

◎ 梅尔·费雪在"阿托卡夫人"号上找到的黄金

◎ "阿托卡夫人"号沉船

爱因斯坦说

你知道哪些海域藏有"海底宝藏"吗?

　　世界上有几个著名的"海底宝藏"埋藏海域,如阿根廷外海,这里是海盗们藏宝的地方;韩国外海,这里藏有大量中国古代珍稀文物。此外,关岛、可可岛等地也是著名的"藏宝"海域。

人工暗礁

◎ 海葵和一些海底动物就喜欢附着在人工暗礁上

　　世界各地都有人特意将报废的旧船沉入海中。这些入海的旧船就是人工暗礁,它们是海底生物的家,海葵和一些软体动物只有附着在坚硬的物体上才能存活;一些鱼类也需要寻找栖息之地。

海底遗迹

　　海底除了沉船和宝藏,还有一些古时候的建筑,便是海底遗迹。大陆沉没会导致人类建筑没入海底。比较出名的海底遗迹有日本与那国岛的海域遗迹。它们是人类早期文明的见证,默默地诉说着人类祖先的故事。

◎ 日本与那国岛的海域遗迹

海中

会不会有『飞碟』存在呢?

时隐时现的空中"飞碟"时常能引发人们的关注,甚至能产生轰动效应。那么,宽广无边的海洋世界中是否有"飞碟"存在呢?

其实,海洋中是存在"飞碟"的,只不过很少人知道罢了。目前,人类已经发现了340多个海中"飞碟"。

要说明的是,海中"飞碟"与空中"飞碟"是不一样的,它是由一种特殊的水构成的。这种水的温度、密度、含盐量及所含化学物质与周围海水不同,因而呈现出一个"棱角分明"的"独立体"——看上去就如同一个飞碟一样。

这种飞碟能随着海流和旋涡,一边前进一边高速旋转。神奇的是,这种"飞碟"能够维持长达10年不解体,不眠不休地高速旋转。此外,海中飞碟的个头很大,大西洋海底中发现的一枚飞碟直径长达80千米!在不断的旋转中,数不清的鱼虾会被它"吞入腹中"。

你是来海底世界观光的吗?

不,我是来找宝藏的。

图书在版编目（CIP）数据

海洋奇迹 / 黄春凯编写；李维娜绘 . –– 哈尔滨：
黑龙江科学技术出版社，2019.10
（探索发现百科全书 / 陆杨主编）
ISBN 978-7-5719-0247-6

Ⅰ . ①海… Ⅱ . ①黄… ②李… Ⅲ . ①海洋－普及读
物 Ⅳ . ① P7-49

中国版本图书馆 CIP 数据核字 (2019) 第 152711 号

探索发现百科全书　海洋奇迹
TANSUO FAXIAN BAIKE QUANSHU　　HAIYANG QIJI
陆　杨　主编　黄春凯　编写　李维娜　绘

项目总监	薛方闻
特约策划	马万霞
策划编辑	薛方闻　郑　毅
责任编辑	马远洋
封面设计	萨木文化
出　　版	黑龙江科学技术出版社
	地址：哈尔滨市南岗区公安街70-2号　　邮编：150007
	电话：（0451）53642106　　传真：（0451）53642143
	网址：www.lkcbs.cn
发　　行	全国新华书店
印　　刷	雅迪云印（天津）科技有限公司
开　　本	710 mm × 1000 mm　1/16
印　　张	10
字　　数	200千字
版　　次	2019年10月第1版
印　　次	2019年10月第1次印刷
书　　号	ISBN 978-7-5719-0247-6
定　　价	39.80元